■ 建筑工程常用公式与数据速查手册系列丛书

U0229587

混凝土结构常用公式与数据速查手册

HUNNINGTU JIEGOU CHANGYONG GONGSHI YU
SHUJU SUCHA SHOUCE

李守巨　主编

知识产权出版社
全国百佳图书出版单位

本书编写组

主　编　李守巨

参　编　于　涛　　王丽娟　　成育芳　　刘艳君

　　　　孙丽娜　　何　影　　李春娜　　张立国

　　　　张　军　赵　慧　陶红梅　夏　欣

前　　言

随着混凝土结构在工程建设中的大量使用，我国在混凝土结构方面的科学研究工作已取得较大的发展。在混凝土结构基本理论与设计方法、可靠度与荷载分析、单层与多层厂房结构、大板与升板结构、高层、大跨、特种结构、工业化建筑体系、结构抗震及现代化测试技术等方面的研究工作都取得了很多新的成果，基本理论和设计工作的水平有了很大提高，已达到或接近国际水平。为了使混凝土结构设计人员在工作中能快速计算，提高工作效率，我们组织编写了本书。

作为一名混凝土结构设计人员，除了要有优良的设计理念之外，还应该有丰富的设计、技术、安全等工作经验，掌握大量混凝土结构常用的计算公式及数据，但由于资料来源庞杂繁复，使人们经常难以寻找到所需要的材料。在这种情况下，广大从事混凝土结构设计的人员迫切需要一本系统、全面、有效地囊括混凝土结构常用计算公式与数据的参考书作为参考和指导。本书依据国家最新颁布的《混凝土结构设计规范》（GB 50010—2010）等标准规范编写。

本书共分为六章，包括：材料及基本规定、承载能力极限状态计算、正常使用极限状态验算、其他结构构件计算、预应力混凝土结构计算、混凝土结构构件抗震设计等。本书对规范公式的重新编排，主要包括参数的含义，上下限表识，公式相关性等。重新编排后计算公式的相关内容一目了然，既方便设计人员查阅，亦可用于相关专业考生平时练习使用。本书是以最新的主要规程、规范、标准以及常用设计数据资料为依据，保证本手册数据的准确性及权威性，读者可放心使用。本书可供混凝土结构工程设计人员、施工人员及相关专业大中专院校的师生学习查阅。

本书在编写过程中参阅和借鉴了许多优秀书籍和有关文献资料，并得到了有关领导和专家的指导帮助，在此一并向他们致谢。由于编者的学识和经验所限，虽尽心尽力，但书中仍难免存在疏漏或未尽之处，恳请广大读者和专家批评指正。

编　者

2014.03

目　　录

1　材料及基本规定 ……………………………………………………………… 1

　1.1　公式速查 ………………………………………………………………… 2

　　1.1.1　材料 ………………………………………………………………… 2

　　1.1.2　承载能力极限状态计算 …………………………………………… 2

　　1.1.3　正常使用极限状态验算 …………………………………………… 3

　　1.1.4　钢筋锚固长度计算 ………………………………………………… 3

　　1.1.5　钢筋搭接长度计算 ………………………………………………… 4

　　1.1.6　最小配筋率 ………………………………………………………… 5

　1.2　数据速查 ………………………………………………………………… 6

　　1.2.1　混凝土强度标准值 ………………………………………………… 6

　　1.2.2　混凝土轴心抗压强度设计值 ……………………………………… 6

　　1.2.3　混凝土的弹性模量 ………………………………………………… 6

　　1.2.4　混凝土受压疲劳强度修正系数 γ_ρ ………………………… 6

　　1.2.5　混凝土受拉疲劳强度修正系数 γ_ρ ………………………… 7

　　1.2.6　混凝土的疲劳变形模量 …………………………………………… 7

　　1.2.7　普通钢筋强度标准值 ……………………………………………… 7

　　1.2.8　预应力筋强度标准值 ……………………………………………… 7

　　1.2.9　普通钢筋强度设计值 ……………………………………………… 8

　　1.2.10　预应力筋强度设计值 ……………………………………………… 8

　　1.2.11　普通钢筋及预应力筋在最大力下的总伸长率限值 …………… 9

　　1.2.12　钢筋的弹性模量 …………………………………………………… 9

　　1.2.13　普通钢筋疲劳应力幅限值 ………………………………………… 9

　　1.2.14　预应力筋疲劳应力幅限值 ………………………………………… 10

　　1.2.15　钢筋的公称直径、公称截面面积及理论质量 ………………… 10

　　1.2.16　钢绞线的公称直径、公称截面面积及理论质量 ……………… 11

　　1.2.17　钢丝的公称直径、公称截面面积及理论质量 ………………… 11

　　1.2.18　受弯构件的挠度限值 ……………………………………………… 12

　　1.2.19　结构构件的裂缝控制等级及最大裂缝宽度的限值 …………… 12

　　1.2.20　混凝土结构的环境类别 …………………………………………… 13

1.2.21 结构混凝土材料的耐久性基本要求 ················ 14

1.2.22 钢筋混凝土结构伸缩缝最大间距 ················ 14

1.2.23 混凝土保护层的最小厚度 c ················ 15

1.2.24 受拉钢筋基本锚固长度 l_{ab}、l_{abE} ················ 15

1.2.25 锚固钢筋的外形系数 α ················ 15

1.2.26 纵向受拉钢筋搭接长度修正系数 ζ_l ················ 16

1.2.27 纵向受力钢筋的最小配筋百分率 $\rho_{\min}$ ················ 16

2 承载能力极限状态计算 ················ 17

　2.1 公式速查 ················ 18

　　2.1.1 基本假定 ················ 18

　　2.1.2 矩形或倒 T 形截面受弯构件正截面受弯承载力计算 ················ 20

　　2.1.3 T 形、I 形截面受弯构件正截面受弯承载力计算 ················ 21

　　2.1.4 矩形、T 形和 I 形截面受弯构件斜截面受剪承载力计算 ················ 23

　　2.1.5 无腹筋板受弯构件斜截面受剪承载力计算 ················ 27

　　2.1.6 轴心受压构件正截面受压承载力计算 ················ 27

　　2.1.7 矩形截面偏心受压构件正截面受压承载力计算 ················ 28

　　2.1.8 I 形截面偏心受压构件正截面受压承载力计算 ················ 32

　　2.1.9 矩形、T 形或 I 形截面偏心受压构件正截面受压承载力计算 ················ 34

　　2.1.10 钢筋混凝土双向偏心受压构件正截面受压承载力计算 ················ 35

　　2.1.11 矩形、T 形和 I 形截面偏心受压构件斜截面受剪承载力计算 ················ 37

　　2.1.12 钢筋混凝土剪力墙在偏心受压时的斜截面受剪承载力计算 ················ 37

　　2.1.13 轴心受拉构件正截面受拉承载力计算 ················ 38

　　2.1.14 矩形截面偏心受拉构件正截面受拉承载力计算 ················ 38

　　2.1.15 矩形截面双向偏心受拉构件正截面受拉承载力计算 ················ 39

　　2.1.16 矩形、T 形和 I 形截面偏心受拉构件斜截面受剪承载力计算 ················ 39

　　2.1.17 钢筋混凝土剪力墙在偏心受拉时的斜截面受剪承载力计算 ················ 40

　　2.1.18 矩形截面纯扭构件受扭承载力计算 ················ 41

　　2.1.19 T 形和 I 形截面纯扭构件受扭承载力计算 ················ 42

　　2.1.20 箱形截面纯扭构件受扭承载力计算 ················ 43

　　2.1.21 压扭构件承载力计算 ················ 44

　　2.1.22 拉扭构件承载力计算 ················ 44

　　2.1.23 矩形截面剪扭构件受剪扭承载力计算 ················ 45

　　2.1.24 箱形截面剪扭构件受剪扭承载力计算 ················ 48

　　2.1.25 弯剪扭构件承载力计算 ················ 51

　　2.1.26 压弯剪扭构件承载力计算 ················ 53

2.1.27　拉弯剪扭构件承载力计算 ················· 54

2.1.28　不配置箍筋或弯起钢筋的板的受冲切承载力计算 ········· 55

2.1.29　配置箍筋或弯起钢筋的板的受冲切承载力计算 ········· 62

2.1.30　阶形基础受冲切承载力计算 ················· 63

2.1.31　局部受压的截面尺寸 ··················· 64

2.1.32　局部受压承载力计算 ··················· 65

2.1.33　受弯构件正截面疲劳验算 ················· 66

2.1.34　受弯构件斜截面疲劳验算 ················· 72

2.2　数据速查 ······················· 73

2.2.1　普通钢筋的相对界限受压区高度 ξ_b ············ 73

2.2.2　受弯构件受压区有效翼缘计算宽度 b_f' ··········· 74

2.2.3　钢筋混凝土轴心受压构件的稳定系数 ············ 74

2.2.4　刚性屋盖单层房屋排架柱、露天吊车柱和栈桥柱的计算长度 ·· 74

2.2.5　框架结构各层柱的计算长度 ················ 75

2.2.6　梁中箍筋的最大间距 ··················· 75

2.2.7　非排架结构柱弯矩增大系数 η_{ns} 的计算系数 ········· 75

2.2.8　排架结构柱弯矩增大系数 η_n 的计算系数 ········· 85

3　正常使用极限状态验算 ·················· 97

3.1　公式速查 ······················· 98

3.1.1　钢筋混凝土和预应力混凝土构件受拉边缘应力或正截面裂缝宽度

验算 ······················ 98

3.1.2　钢筋混凝土构件受拉区纵向钢筋的等效应力计算 ······ 105

3.1.3　预应力混凝土构件受拉区纵向钢筋的等效应力计算 ····· 107

3.1.4　截面边缘混凝土的法向应力计算 ·············· 108

3.1.5　混凝土主拉应力验算 ··················· 109

3.1.6　混凝土主压应力验算 ··················· 110

3.1.7　预应力混凝土吊车梁集中力作用点附近的应力计算 ····· 111

3.1.8　采用荷载标准组合计算的刚度 ··············· 112

3.1.9　采用荷载准永久组合计算的刚度 ·············· 114

3.2　数据速查 ······················· 117

3.2.1　构件受力特征系数 α_{cr} ················ 117

3.2.2　钢筋的相对黏结特性系数 ν_i ··············· 117

3.2.3　截面抵抗矩塑性影响系数基本值 γ_m ··········· 117

4　其他结构构件计算 ···················· 119

4.1　公式速查 ······················· 120

4.1.1　集中荷载作用点的附加钢筋计算 ················· 120

4.1.2　梁内弯折处的附加钢筋计算 ····················· 120

4.1.3　顶层端节点处梁上部纵向钢筋的截面面积计算 ······· 121

4.1.4　牛腿的截面尺寸 ······························· 121

4.1.5　牛腿中纵向受力钢筋的总截面面积计算 ············· 122

4.1.6　直锚筋预埋件的总截面面积计算 ··················· 123

4.1.7　弯折锚筋预埋件的截面面积计算 ··················· 124

4.1.8　钢筋混凝土深受弯构件正截面受弯承载力计算 ········· 125

4.1.9　钢筋混凝土深受弯构件受剪承载力计算 ············· 126

4.1.10　矩形、T形和I形截面深受弯构件斜截面受剪承载力计算　126

4.1.11　一般要求不出现斜裂缝的钢筋混凝土深梁 ··········· 127

4.1.12　深梁承受集中荷载作用时的附加吊筋水平分布长度计算　128

4.1.13　预制构件和叠合构件的正截面受弯承载力计算 ········· 128

4.1.14　预制构件和叠合构件的斜截面受剪承载力计算 ········· 129

4.1.15　纵向受拉钢筋的应力计算 ······················· 129

4.1.16　混凝土叠合构件的最大裂缝宽度 ··················· 130

4.1.17　叠合构件的刚度计算 ··························· 132

4.2　数据速查 ··································· 134

4.2.1　现浇钢筋混凝土板的最小厚度 ··················· 134

4.2.2　深梁中钢筋的最小配筋百分率 ··················· 134

5　预应力混凝土结构计算 ························· 135

5.1　公式速查 ··································· 136

5.1.1　张拉控制应力 ····························· 136

5.1.2　锚固损失 ······························· 136

5.1.3　孔道摩擦损失 ····························· 142

5.1.4　温差损失 ······························· 143

5.1.5　应力松弛损失 ····························· 143

5.1.6　混凝土收缩徐变损失 ························· 144

5.1.7　弹性压缩损失 ····························· 145

5.2　数据速查 ··································· 147

5.2.1　锚具变形和预应力筋内缩值 a ··················· 147

5.2.2　预应力筋与孔道壁之间的摩擦系数 μ ··············· 147

5.2.3　混凝土徐变系数终极值 φ_{∞} ····················· 148

5.2.4　混凝土收缩应变终极值 ε_{∞} ····················· 148

5.2.5　随时间变化的预应力损失系数 ··················· 149

　　　　5.2.6　各阶段预应力损失值的组合 ················· 149

6　混凝土结构构件抗震设计 ················· 151
　6.1　公式速查 ················· 152
　　　6.1.1　纵向受拉钢筋的抗震锚固长度计算 ················· 152
　　　6.1.2　纵向受拉钢筋的抗震搭接长度计算 ················· 153
　　　6.1.3　梁端混凝土受压区高度的计算 ················· 154
　　　6.1.4　地震组合的框架梁受剪承载力计算 ················· 154
　　　6.1.5　地震组合的矩形、T形和I形截面框架梁受剪承载力计算 ················· 155
　　　6.1.6　地震组合的矩形、T形和I形截面框架梁斜截面受剪承载力
　　　　　　计算 ················· 155
　　　6.1.7　框架梁全长箍筋的配筋率计算 ················· 156
　　　6.1.8　框架柱节点上、下端和框支柱中间层节点上、下端的截面受弯承
　　　　　　载力计算 ················· 157
　　　6.1.9　框架柱、框支柱受剪承载力计算 ················· 158
　　　6.1.10　地震组合的矩形截面框架柱和框支柱的受剪承载力计算 ················· 159
　　　6.1.11　地震组合的矩形截面框架柱和框支柱的斜截面受剪承载力计算 ················· 160
　　　6.1.12　地震组合的矩形截面框架柱和框支柱的斜截面抗震受剪承载力
　　　　　　计算 ················· 160
　　　6.1.13　地震组合的矩形截面双向受剪的钢筋混凝土框架柱的受剪承载力
　　　　　　计算 ················· 161
　　　6.1.14　地震组合的矩形截面双向受剪的钢筋混凝土框架柱的斜截面受剪承
　　　　　　载力计算 ················· 161
　　　6.1.15　柱箍筋加密区箍筋的体积配筋率 ················· 162
　　　6.1.16　一、二、三级抗震等级框架梁柱节点核心区受剪承载力计算 ················· 163
　　　6.1.17　框架梁柱节点核心区的受剪承载力计算 ················· 164
　　　6.1.18　框架梁柱节点的抗震受剪承载力计算 ················· 164
　　　6.1.19　圆柱框架梁柱节点受剪承载力计算 ················· 166
　　　6.1.20　圆柱框架梁柱节点抗震受剪承载力计算 ················· 166
　　　6.1.21　剪力墙的剪力设计值计算 ················· 168
　　　6.1.22　剪力墙的受剪截面要求 ················· 168
　　　6.1.23　剪力墙偏心受压时斜截面抗震受剪承载力计算 ················· 169
　　　6.1.24　剪力墙偏心受拉时斜截面抗震受剪承载力计算 ················· 170
　　　6.1.25　一级抗震等级的剪力墙水平施工处的受剪承载力计算 ················· 170
　　　6.1.26　筒体及剪力墙洞口连梁正截面受弯承载力计算 ················· 170
　　　6.1.27　筒体及剪力墙洞口连梁受剪承载力计算 ················· 171

    6.1.28　各抗震等级的剪力墙及筒体洞口连梁斜截面受剪承载力计算 ⋯⋯ 172

    6.1.29　剪力墙端部设置的约束边缘构件体积配筋率计算 ⋯⋯⋯⋯⋯⋯ 173

    6.1.30　板柱节点受冲切截面及受冲切承载力计算 ⋯⋯⋯⋯⋯⋯ 174

    6.1.31　沿两个主轴方向贯通节点柱截面的连续钢筋的总截面面积 ⋯⋯ 175

  6.2　数据速查 ⋯⋯⋯⋯⋯⋯⋯⋯⋯⋯⋯⋯⋯⋯⋯⋯⋯⋯⋯⋯⋯⋯ 176

    6.2.1　混凝土结构的抗震等级 ⋯⋯⋯⋯⋯⋯⋯⋯⋯⋯⋯⋯⋯⋯ 176

    6.2.2　承载力抗震调整系数 γ_{RE} ⋯⋯⋯⋯⋯⋯⋯⋯⋯⋯⋯⋯⋯ 177

    6.2.3　框架梁纵向受拉钢筋的最小配筋百分率 ⋯⋯⋯⋯⋯⋯⋯ 177

    6.2.4　框架梁梁端箍筋加密区的构造要求 ⋯⋯⋯⋯⋯⋯⋯⋯⋯ 177

    6.2.5　柱全部纵向受力钢筋最小配筋百分率 ⋯⋯⋯⋯⋯⋯⋯⋯ 177

    6.2.6　柱端箍筋加密区的构造要求 ⋯⋯⋯⋯⋯⋯⋯⋯⋯⋯⋯⋯ 178

    6.2.7　柱轴压比限值 ⋯⋯⋯⋯⋯⋯⋯⋯⋯⋯⋯⋯⋯⋯⋯⋯⋯ 178

    6.2.8　柱箍筋加密区的箍筋最小配箍特征值 λ_v ⋯⋯⋯⋯⋯⋯ 178

    6.2.9　铰接排架柱箍筋加密区的箍筋最小直径 ⋯⋯⋯⋯⋯⋯⋯ 179

    6.2.10　剪力墙轴压比限值 ⋯⋯⋯⋯⋯⋯⋯⋯⋯⋯⋯⋯⋯⋯⋯ 179

    6.2.11　剪力墙设置构造边缘构件的最大轴压比 ⋯⋯⋯⋯⋯⋯⋯ 180

    6.2.12　约束边缘构件沿墙肢的长度 l_c 及配箍特征值 λ_v ⋯⋯ 180

    6.2.13　构造边缘构件的构造配筋要求 ⋯⋯⋯⋯⋯⋯⋯⋯⋯⋯⋯ 180

    6.2.14　柱箍筋加密区的体积配筋率 ⋯⋯⋯⋯⋯⋯⋯⋯⋯⋯⋯⋯ 181

主要参考文献 ⋯⋯⋯⋯⋯⋯⋯⋯⋯⋯⋯⋯⋯⋯⋯⋯⋯⋯⋯⋯⋯⋯⋯ 184

1

材料及基本规定

1.1 公式速查

1.1.1 材料

（1）混凝土。混凝土轴心抗压疲劳强度设计值 f_c^f、轴心抗拉疲劳强度设计值 f_t^f 应按表 1-2 中的强度设计值乘疲劳强度修正系数 γ_ρ 确定。混凝土受压或受拉疲劳强度修正系数 γ_ρ 应根据受压或受拉疲劳应力比值 ρ_c^f 分别按表 1-4、表 1-5 取值；混凝土承受拉-压疲劳应力作用时，疲劳强度修正系数 γ_ρ 取 0.60。

疲劳应力比值 ρ_c^f 应按下列公式计算：

$$\rho_c^f = \frac{\sigma_{c,min}^f}{\sigma_{c,max}^f}$$

式中　$\sigma_{c,min}^f$、$\sigma_{c,min}^f$——构件疲劳验算时，截面同一纤维上混凝土的最小应力、最大应力。

（2）钢筋。普通钢筋和预应力筋的疲劳应力幅限值 Δf_y^f 和 Δf_{py}^f 应根据钢筋疲劳应力比值 ρ_s^f、ρ_p^f，分别按表 1-13 及表 1-14 用线性内插法取值。

普通钢筋疲劳应力比值 ρ_s^f 应按下列公式计算：

$$\rho_s^f = \frac{\sigma_{s,min}^f}{\sigma_{s,max}^f}$$

式中　$\sigma_{s,min}^f$、$\sigma_{s,max}^f$——构件疲劳验算时，同一层钢筋的最小应力、最大应力。

预应力筋疲劳应力比值 ρ_p^f 应按下列公式计算：

$$\rho_p^f = \frac{\sigma_{p,min}^f}{\sigma_{p,max}^f}$$

式中　$\sigma_{p,min}^f$、$\sigma_{p,max}^f$——构件疲劳验算时，同一层预应力筋的最小应力、最大应力。

1.1.2 承载能力极限状态计算

对于承载能力极限状态，应按荷载的基本组合或偶然组合计算荷载组合的效应设计值，并应采用下列设计表达式进行设计：

$$\gamma_0 S \leqslant R$$
$$R = R(f_c, f_s, a_k, \cdots)/\gamma_{Rd}$$

式中　γ_0——结构重要性系数，在持久设计状况和短暂设计状况下，对安全等级为一级的结构构件不应小于 1.1，对安全等级为二级的结构构件不应小于 1.0，对安全等级为三级的结构构件不应小于 0.9；对地震设计状况下不应小于 1.0；

　　　　S——承载能力极限状态下作用组合的效应设计值，对持久设计状况和暂短设计状况按作用的基本组合计算；对地震设计状况按作用的地震组合计算；

R——结构构件的抗力设计值；

$R(\cdot)$——结构构件的抗力函数；

γ_{Rd}——结构构件的抗力模型不定性系数，对静力设计，一般结构构件取 1.0，重要结构构件或不确定性较大的结构构件根据具体情况取大于 1.0 的数值；对抗震设计，采用承载力抗震调整系数 γ_{RE} 代替 γ_{Rd} 的表达形式；

f_c、f_s——混凝土、钢筋的强度设计值；

a_k——几何参数的标准值，几何参数的变异性对结构性能有明显的不利影响时，可另增（减）一个附加值。

注：公式中的 $\gamma_0 S$ 为内力设计值，在各章中用 N、M、V、T 等表达。

1.1.3 正常使用极限状态验算

对于正常使用极限状态，结构构件应分别按荷载的准永久组合、标准组合、准永久组合并考虑长期作用的影响或标准组合并考虑长期作用的影响，采用下列极限状态设计表达式进行验算：

$$S \leqslant C$$

式中　S——正常使用极限状态的荷载组合效应值；

　　　C——结构构件达到正常使用要求所规定的变形、应力、裂缝宽度和自振频率等的限值。

1.1.4 钢筋锚固长度计算

当计算中充分利用钢筋的抗拉强度时，受拉钢筋的锚固应符合下列要求：

受拉钢筋的锚固长度应根据具体锚固条件按下列公式计算，且不应小于 200mm：

$$l_a = \xi_a l_{ab}$$

式中　l_a——受拉钢筋的锚固长度；

　　　ζ_a——锚固长度修正系数，当带肋钢筋的公称直径大于 25mm 时取 1.10；环氧树脂涂层带肋钢筋取 1.25；施工过程中易受扰动的钢筋取 1.10；当纵向受力钢筋的实际配筋面积大于其设计计算面积时，修正系数取设计计算面积与实际配筋面积的比值，但对有抗震设防要求及直接承受动力荷载的结构构件，不应考虑此项修正；锚固区保护层厚度为 $3d$ 时修正系数可取 0.80，保护层厚度为 $5d$ 时修正系数可取 0.70，中间按内插取值，此处 d 为纵向受力带肋钢筋的直径。当多于一项时，修正系数可按连乘计算，但不应小于 0.6；

　　　l_{ab}——受拉钢筋的基本锚固长度（见表 1-24）$\left\{\begin{array}{l}\blacktriangle \text{普通钢筋基本锚固长度}\\\blacksquare \text{预应力筋基本锚固长度}\end{array}\right.$

▲ 普通钢筋基本锚固长度

$$l_{ab} = \alpha \frac{f_y}{f_t} d$$

式中　f_y——普通钢筋的抗拉强度设计值；

　　　d——锚固钢筋的直径；

　　　f_t——混凝土轴心抗拉强度设计值，混凝土强度等级高于 C60 时，按 C60 取值；

　　　α——锚固钢筋的外形系数，按表 1-25 取用。

■ 预应力筋基本锚固长度

$$l_{ab} = \alpha \frac{f_{py}}{f_t} d$$

式中　f_{py}——预应力筋的抗拉强度设计值；

　　　d——锚固钢筋的直径；

　　　f_t——混凝土轴心抗拉强度设计值，混凝土强度等级高于 C60 时，按 C60 取值；

　　　α——锚固钢筋的外形系数，按表 1-25 取用。

1.1.5　钢筋搭接长度计算

轴心受拉及小偏心受拉杆件的纵向受力钢筋不得绑扎搭接；其他构件中的钢筋采用绑扎方式搭接时，受拉钢筋直径不宜大于 25mm，受压钢筋直径不宜大于 28mm。

同一构件中相邻纵向受力钢筋的绑扎搭接接头宜互相错开。钢筋绑扎搭接接头连接区段的长度为 1.3 倍搭接长度，凡搭接接头中点位于该连接区段长度内的搭接接头均属于同一连接区段（如图 1-1 所示）。同一连接区段内纵向受力钢筋搭接接头面积百分率为该区段内有搭接接头的纵向受力钢筋与全部纵向受力钢筋截面面积的比值。当直径不同的钢筋搭接时，搭接长度按直径较小的钢筋计算。

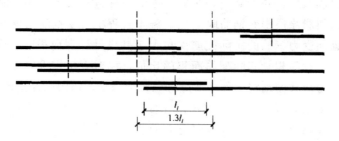

注：图中所示同一连接区段内的搭接接头钢筋为两根，钢筋直径相同时，钢筋搭接接头面积百分率为 50%。

图 1-1　同一连接区段内纵向受拉钢筋的绑扎搭接接头

位于同一连接区段内的受拉钢筋搭接接头面积百分率：对梁类、板类及墙类构件，不宜大于25%；对柱类构件，不宜大于50%。工程中确有必要增大受拉钢筋搭接接头面积百分率时，对梁类构件，不宜大于50%；对板、墙、柱及预制构件的拼接处，可根据实际情况放宽。

并筋采用绑扎搭接连接时，应按每根单筋错开搭接的方式连接。接头面积百分率应按同一连接区段内所有的单根钢筋计算。并筋中钢筋的搭接长度应按单筋分别计算。

纵向受拉钢筋绑扎搭接接头的搭接长度，应根据位于同一连接区段内的钢筋搭接接头面积百分率按下列公式计算，且不应小于300mm。

$$l_1 = \xi_1 l_a$$

式中　l_1——纵向受拉钢筋的搭接长度；

　　　ζ_1——纵向受拉钢筋搭接长度的修正系数，按表1-26取用。当纵向搭接钢筋接头面积百分率为表的中间值时，修正系数可按内插法取值；

　　　l_a——受拉钢筋的锚固长度。

1.1.6　最小配筋率

（1）对结构中次要的钢筋混凝土受弯构件，构造所需截面高度远大于承载的需求时，其纵向受拉钢筋的配筋率可按下列公式计算：

$$\rho_s = \frac{h_{cr}}{h} \rho_{min}$$

$$h_{cr} = 1.05 \sqrt{\frac{M}{\rho_{min} f_y b}}$$

式中　ρ_s——构件按全截面计算的纵向受拉钢筋的配筋率；

　　　ρ_{min}——纵向受力钢筋的最小配筋率，依据表1-27规定取用；

　　　h_{cr}——构件截面的临界高度，小于$h/2$时取$h/2$；

　　　h——构件截面的高度；

　　　f_y——普通钢筋的抗拉强度设计值；

　　　b——构件的截面宽度；

　　　M——构件的正截面受弯承载力设计值。

（2）梁内受扭纵向钢筋的最小配筋率$\rho_{tl,min}$应符合下列规定：

$$\rho_{tl,min} = 0.6 \sqrt{\frac{T}{Vb} \frac{f_t}{f_y}}$$

$T/(Vb) > 2.0$时，取$T/(Vb) = 2.0$。

式中　$\rho_{tl,min}$——受扭纵向钢筋的最小配筋率，取$A_{stl}/(bh)$；

　　　T——扭矩设计值；

　　　V——剪力设计值；

　　　b——受剪的截面宽度，T形或I形截面取腹板宽度，对箱形截面构件，

b 应以 bh 代替；

h——截面高度；

f_y——普通钢筋的抗拉强度设计值；

f_t——混凝土轴心抗拉强度设计值；

A_{stl}——沿截面周边布置的受扭纵向钢筋总截面面积。

1.2 数据速查

1.2.1 混凝土强度标准值

表 1-1 　　　　　　　　混凝土强度标准值　　　　　　(单位：MPa)

强度	混凝土强度等级													
	C15	C20	C25	C30	C35	C40	C45	C50	C55	C60	C65	C70	C75	C80
f_{ck}	10.0	13.4	16.7	20.1	23.4	26.8	29.6	32.4	35.5	38.5	41.5	44.5	47.4	50.2
f_{tk}	1.27	1.54	1.78	2.01	2.20	2.39	2.51	2.64	2.74	2.85	2.93	2.99	3.05	3.11

1.2.2 混凝土轴心抗压强度设计值

表 1-2 　　　　　　　混凝土轴心抗压强度设计值　　　　　(单位：MPa)

强度	混凝土强度等级													
	C15	C20	C25	C30	C35	C40	C45	C50	C55	C60	C65	C70	C75	C80
f_c	7.2	9.6	11.9	14.3	16.7	19.1	21.1	23.1	25.3	27.5	29.7	31.8	33.8	35.9
f_t	0.91	1.10	1.27	1.43	1.57	1.71	1.80	1.89	1.96	2.04	2.09	2.14	2.18	2.22

1.2.3 混凝土的弹性模量

表 1-3 　　　　　　　　混凝土的弹性模量　　　　　(单位：10^4 MPa)

混凝土强度等级	混凝土强度等级													
	C15	C20	C25	C30	C35	C40	C45	C50	C55	C60	C65	C70	C75	C80
E_c	2.20	2.55	2.80	3.00	3.15	3.25	3.35	3.45	3.55	3.60	3.65	3.70	3.75	3.80

注　1. 有可靠试验依据时，弹性模量可根据实测数据确定。

　　2. 混凝土中掺有大量矿物掺合料时，弹性模量可按规定龄期根据实测数据确定。

1.2.4 混凝土受压疲劳强度修正系数 γ_p

表 1-4 　　　　　　混凝土受压疲劳强度修正系数 γ_p

ρ_c^t	$0 \leqslant \rho_c^t < 0.1$	$0.1 \leqslant \rho_c^t < 0.2$	$0.2 \leqslant \rho_c^t < 0.3$	$0.3 \leqslant \rho_c^t < 0.4$	$0.4 \leqslant \rho_c^t < 0.5$	$\rho_c^t \geqslant 0.5$
γ_p	0.68	0.74	0.80	0.86	0.93	1.00

1.2.5 混凝土受拉疲劳强度修正系数 γ_ρ

表 1-5 混凝土受拉疲劳强度修正系数 γ_ρ

ρ_c^f	$0 \leqslant \rho_c^f < 0.1$	$0.1 \leqslant \rho_c^f < 0.2$	$0.2 \leqslant \rho_c^f < 0.3$	$0.3 \leqslant \rho_c^f < 0.4$	$0.4 \leqslant \rho_c^f < 0.5$
γ_ρ	0.63	0.66	0.69	0.72	0.74
ρ_c^f	$0.5 \leqslant \rho_c^f < 0.6$	$0.6 \leqslant \rho_c^f < 0.7$	$0.7 \leqslant \rho_c^f < 0.8$	$\rho_c^f \geqslant 0.8$	—
γ_ρ	0.76	0.80	0.90	1.00	—

注 采用蒸汽养护时,直接承受疲劳荷载的混凝土构件养护温度不宜高于 60℃。

1.2.6 混凝土的疲劳变形模量

表 1-6 混凝土的疲劳变形模量 (单位:$\times 10^4$ MPa)

强度等级	C30	C35	C40	C45	C50	C55	C60	C65	C70	C75	C80
E_c^f	1.30	1.40	1.50	1.55	1.60	1.65	1.70	1.75	1.80	1.85	1.90

1.2.7 普通钢筋强度标准值

表 1-7 普通钢筋强度标准值 (单位:MPa)

牌 号	符 号	公称直径 d/mm	屈服强度标准值 f_{yk}	极限强度标准值 f_{stk}
HPB300	ϕ	6~22	300	420
HRB335 HRBF335	ϕ ϕ^F	6~50	335	455
HRB400 HRBF400 RRB400	ϕ ϕ^F ϕ^R	6~50	400	540
HRB500 HRBF500	ϕ ϕ^F	6~50	500	630

1.2.8 预应力筋强度标准值

表 1-8 预应力筋强度标准值 (单位:MPa)

种 类		符 号	公称直径 d/mm	屈服强度标准值 f_{pyk}	极限强度标准值 f_{ptk}
中强度预应力钢丝	光面	ϕ^{PM}	5、7、9	620	800
	螺旋肋	ϕ^{HM}		780	970
				980	1270
预应力螺纹钢筋	螺纹	ϕ^T	18、25、32、40、50	785	980
				930	1080
				1080	1230

（续）

种　类		符号	公称直径 d/mm	屈服强度标准值 f_{pyk}	极限强度标准值 f_{ptk}
消除应力钢丝	光面	Φ^P	5	—	1570
				—	1860
	螺旋肋	Φ^H	7	—	1570
			9	—	1470
				—	1570
钢绞线	1×3 (三股)	Φ^S	8.6、10.8、12.9	—	1570
				—	1860
				—	1960
	1×7 (七股)		9.5、12.7、15.2、17.8	—	1720
				—	1860
				—	1960
			21.6	—	1860

注　极限强度标准值为 1960MPa 的钢绞线作后张预应力配筋时，应有可靠的工程经验。

1.2.9　普通钢筋强度设计值

表 1-9　　　　　　　　　　普通钢筋强度设计值　　　　　　（单位：MPa）

牌　号	抗拉强度设计值 f_y	抗压强度设计值 f'_y
HPB300	270	270
HRB335、HRBF335	300	300
HRB400、HRBF400、RRB400	360	360
HRB500、HRBF500	435	410

1.2.10　预应力筋强度设计值

表 1-10　　　　　　　　　预应力筋强度设计值　　　　　　（单位：MPa）

种　类	极限强度标准值 f_{ptk}	抗拉强度设计值 f_{py}	抗压强度设计值 f'_{py}
中强度预应力钢丝	800	510	
	970	650	410
	1270	810	
消除应力钢丝	1470	1040	
	1570	1110	410
	1860	1320	

种 类	极限强度标准值 f_{ptk}	抗拉强度设计值 f_{py}	抗压强度设计值 f'_{py}
钢绞线	1570	1110	390
	1720	1220	
	1860	1320	
	1960	1390	
预应力螺纹钢筋	980	650	410
	1080	770	
	1230	900	

注 预应力筋的强度标准值不符合本表的规定时，其强度设计值应进行相应的比例换算。

1.2.11 普通钢筋及预应力筋在最大力下的总伸长率限值

表 1-11 普通钢筋及预应力筋在最大力下的总伸长率限值

钢筋品种	普 通 钢 筋			预应力筋
	HPB300	HRB335、HRBF335、HRB400、HRBF400、HRB500、HRBF500	RRB400	
δ_{gt}	10.0	7.5	5.0	3.5

1.2.12 钢筋的弹性模量

表 1-12　　　　　　　　钢筋的弹性模量　　　　　　（单位：10^5 MPa）

牌 号 或 种 类	弹 性 模 量 E_s
HPB300 钢筋	2.10
HRB335、HRB400、HRB500 钢筋 HRBF335、HRBF400、HRBF500 钢筋 RRB400 钢筋 预应力螺纹钢筋	2.00
消除应力钢丝、中强度预应力钢丝	2.05
钢绞线	1.95

注 必要时可采用实测的弹性模量。

1.2.13 普通钢筋疲劳应力幅限值

表 1-13　　　　　　　　普通钢筋疲劳应力幅限值　　　　　　（单位：MPa）

疲劳应力比值 ρ_s^f	疲劳应力幅限值 Δf_y^f	
	HRB335	HRB400
0	175	175
0.1	162	162

疲劳应力比值 ρ_s^f	疲劳应力幅限值 Δf_y^f	
	HRB335	HRB400
0.2	154	156
0.3	144	149
0.4	131	137
0.5	115	123
0.6	97	106
0.7	77	85
0.8	54	60
0.9	28	31

注　纵向受拉钢筋采用闪光接触对焊连接时，其接头处的钢筋疲劳应力幅限值应按表中数值乘以 0.8 取用。

1.2.14　预应力筋疲劳应力幅限值

表 1-14　　　　　　　　　预应力筋疲劳应力幅限值　　　　　　（单位：MPa）

疲劳应力比值 ρ_p^f	钢绞线 $f_{ptk}=1570$	消除应力钢丝 $f_{ptk}=1570$
0.7	144	240
0.8	118	168
0.9	70	88

注　1. ρ_{sv}^f 不小于 0.9 时，可不作预应力筋疲劳验算。
　　2. 有充分依据时，可对表中规定的疲劳应力幅限值作适当调整。

1.2.15　钢筋的公称直径、公称截面面积及理论质量

表 1-15　　　　　　　钢筋的公称直径、公称截面面积及理论质量

公称直径 /mm	不同根数钢筋的公称截面面积/mm²									单根钢筋理论质量 /(kg/m)
	1	2	3	4	5	6	7	8	9	
6	28.3	57	85	113	142	170	198	226	255	0.222
8	50.3	101	151	201	252	302	352	402	453	0.395
10	78.5	157	236	314	393	471	550	628	707	0.617
12	113.1	226	339	452	565	678	791	904	1017	0.888
14	153.9	308	461	615	769	923	1077	1231	1385	1.21
16	201.1	402	603	804	1005	1206	1407	1608	1809	1.58
18	254.5	509	763	1017	1272	1527	1781	2036	2290	2.00 (2.11)
20	314.2	628	942	1256	1570	1884	2199	2513	2827	2.47

公称直径 /mm	不同根数钢筋的公称截面面积/mm²									单根钢筋理论质量 /(kg/m)
	1	2	3	4	5	6	7	8	9	
22	380.1	760	1140	1520	1900	2281	2661	3041	3421	2.98
25	490.9	982	1473	1964	2454	2945	3436	3927	4418	3.85 (4.10)
28	615.8	1232	1847	2463	3079	3695	4310	4926	5542	4.83
32	804.2	1609	2413	3217	4021	4826	5630	6434	7238	6.31 (6.65)
36	1017.9	2036	3054	4072	5089	6107	7125	8143	9161	7.99
40	1256.6	2513	3770	5027	6283	7540	8796	10053	11310	9.87 (10.34)
50	1963.5	3928	5892	7856	9820	11784	13748	15712	17676	15.42 (16.28)

注 括号内为预应力螺纹钢筋的数值。

1.2.16 钢绞线的公称直径、公称截面面积及理论质量

表 1-16　　　　　　钢绞线的公称直径、公称截面面积及理论质量

种　　类	公称直径/mm	公称截面面积/mm²	理论质量/(kg/m)
1×3	8.6	37.7	0.296
	10.8	58.9	0.462
	12.9	84.8	0.666
1×7 标准型	9.5	54.8	0.430
	12.7	98.7	0.775
	15.2	140	1.101
	17.8	191	1.500
	21.6	285	2.237

1.2.17 钢丝的公称直径、公称截面面积及理论质量

表 1-17　　　　　　钢丝的公称直径、公称截面面积及理论质量

公称直径/mm	公称截面面积/mm²	理论质量/(kg/m)
5.0	19.63	0.154
7.0	38.48	0.302
9.0	63.62	0.499

1.2.18 受弯构件的挠度限值

表 1-18　　　　　　　　　　　　**受弯构件的挠度限值**

构件类型		挠度限值
吊车梁	手动吊车	$l_0/500$
	电动吊车	$l_0/600$
屋盖、楼盖及楼梯构件	$l_0 < 7\text{m}$ 时	$l_0/200$ ($l_0/250$)
	$7\text{m} \leqslant l_0 \leqslant 9\text{m}$ 时	$l_0/250$ ($l_0/300$)
	$l_0 > 9\text{m}$ 时	$l_0/300$ ($l_0/400$)

注 1. 表中 l_0 为构件的计算跨度，计算悬臂构件的挠度限值时，其计算跨度 l_0 按实际悬臂长度的 2 倍取用。

2. 表中括号内的数值适用于使用上对挠度有较高要求的构件。

3. 如果构件制作时预先起拱，且使用上也允许，则在验算挠度时，可将计算所得的挠度值减去起拱值。对预应力混凝土构件，尚可减去预加力所产生的反拱值。

4. 构件制作时的起拱值和预加力所产生的反拱值，不宜超过构件在相应荷载组合作用下的计算挠度值。

1.2.19 结构构件的裂缝控制等级及最大裂缝宽度的限值

表 1-19　　　　　**结构构件的裂缝控制等级及最大裂缝宽度的限值**　　　（单位：mm）

环境类别	钢筋混凝土结构		预应力混凝土结构	
	裂缝控制等级	w_{lim}	裂缝控制等级	w_{lim}
一	三级	0.30（0.40）	三级	0.20
二 a		0.20		0.10
二 b			二级	—
三 a、三 b			一级	—

注 1. 对处于年平均相对湿度小于 60％ 地区一类环境下的受弯构件，其最大裂缝宽度限值可采用括号内的数值。

2. 在一类环境下，对钢筋混凝土屋架、托架及需作疲劳验算的吊车梁，其最大裂缝宽度限值应取为 0.20mm；对钢筋混凝土屋面梁和托梁，其最大裂缝宽度限值应取为 0.30mm。

3. 在一类环境下，对预应力混凝土屋架、托架及双向板体系，应按二级裂缝控制等级进行验算；对一类环境下的预应力混凝土屋面梁、托梁、单向板，应按表中二 a 级环境的要求进行验算；在一类和二 a 类环境下需作疲劳验算的预应力混凝土吊车梁，应按裂缝控制等级不低于二级的构件进行验算。

4. 表中规定的预应力混凝土构件的裂缝控制等级和最大裂缝宽度限值仅适用于正截面的验算；预应力混凝土构件的斜截面裂缝控制验算应符合《混凝土结构设计规范》（GB 50010—2010）第 7 章的有关规定。

5. 对于烟囱、筒仓和处于液体压力下的结构，其裂缝控制要求应符合专门标准的有关规定。

6. 对于处于四、五类环境下的结构构件，其裂缝控制要求应符合专门标准的有关规定。

7. 表中的最大裂缝宽度限值为用于验算荷载作用引起的最大裂缝宽度。

1.2.20 混凝土结构的环境类别

表 1-20   混凝土结构的环境类别

环 境 类 别	条 件
一	室内干燥环境
	无侵蚀性静水浸没环境
二 a	室内潮湿环境
	非严寒和非寒冷地区的露天环境
	非严寒和非寒冷地区与无侵蚀性的水或土壤直接接触的环境
	严寒和寒冷地区的冰冻线以下与无侵蚀性的水或土壤直接接触的环境
二 b	干湿交替环境
	水位频繁变动环境
	严寒和寒冷地区的露天环境
	严寒和寒冷地区冰冻线以上与无侵蚀性的水或土壤直接接触的环境
三 a	严寒和寒冷地区冬季水位变动区环境
	受除冰盐影响环境
	海风环境
三 b	盐渍土环境
	受除冰盐作用环境
	海岸环境
四	海水环境
五	受人为或自然的侵蚀性物质影响的环境

注 1. 室内潮湿环境是指构件表面经常处于结露或湿润状态的环境。

2. 严寒和寒冷地区的划分应符合现行国家标准《民用建筑热工设计规范》（GB 50176—1993）的有关规定。

3. 海岸环境和海风环境宜根据当地情况，考虑主导风向及结构所处迎风、背风部位等因素的影响，由调查研究和工程经验确定。

4. 受除冰盐影响环境是指受到除冰盐盐雾影响的环境；受除冰盐作用环境是指作冰盐溶液溅射的环境及使用除冰盐地区的洗车房、停车楼等建筑。

5. 暴露的环境是指混凝土结构表面所处的环境。

1.2.21 结构混凝土材料的耐久性基本要求

表 1-21   结构混凝土材料的耐久性基本要求

环境等级	最大水胶比	最低强度等级	最大氯离子含量/%	最大碱含量/(kg/m³)
一	0.60	C20	0.30	不限制
二 a	0.55	C25	0.20	
二 b	0.50 (0.55)	C30 (C25)	0.15	
三 a	0.45 (0.50)	C35 (C30)	0.15	3.0
三 b	0.40	C40	0.10	

注 1. 氯离子含量系指其占胶凝材料总量的百分比。

  2. 预应力构件混凝土中的最大氯离子含量为 0.06%；其最低混凝土强度等级宜按表中的规定提高两个等级。

  3. 素混凝土构件的水胶比及最低强度等级的要求可适当放松。

  4. 有可靠工程经验时，二类环境中的最低混凝土结构等级可降低一个等级。

  5. 处于严寒和寒冷地区二 b、三 a 类环境中的混凝土应使用引气剂，并可采用括号中的有关参数。

  6. 使用非碱活性骨料时，混凝土中的碱含量可不受限制。

1.2.22 钢筋混凝土结构伸缩缝最大间距

表 1-22   钢筋混凝土结构伸缩缝最大间距   （单位：m）

结构类别		室内或土中	露 天
排架结构	装配式	100	70
框架结构	装配式	75	50
	现浇式	55	35
剪力墙结构	装配式	65	40
	现浇式	45	30
挡土墙、地下室墙壁等类结构	装配式	40	30
	现浇式	30	20

注 1. 装配整体式结构的伸缩缝间距，可根据结构的具体情况取表中装配式结构与现浇式结构之间的数值。

  2. 框架-剪力墙结构或框架-核心筒结构房屋的伸缩缝间距，可根据结构的具体情况取表中框架结构与剪力墙结构之间的数值。

  3. 屋面无保温或隔热措施时，框架结构、剪力墙结构的伸缩缝间距宜按表中露天栏的数值取用。

  4. 现浇挑檐、雨罩等外露结构的局部伸缩缝间距不宜大于 12m。

1.2.23 混凝土保护层的最小厚度 c

表 1 - 23　　　　　　　混凝土保护层的最小厚度 c　　　　　　　（单位：mm）

环境类别	板、墙、壳	梁、柱、杆
一	15	20
二 a	20	25
二 b	25	35
三 a	30	40
三 b	40	50

注　1. 混凝土强度等级不大于 C25 时，表中保护层厚度数值应增加 5mm。
　　2. 钢筋混凝土基础宜设置混凝土垫层，基础中钢筋的混凝土保护层厚度应从垫层顶面算起，且不应小于 40mm。

1.2.24 受拉钢筋基本锚固长度 l_{ab}、l_{abE}

表 1 - 24　　　　　　　受拉钢筋基本锚固长度 l_{ab}、l_{abE}

钢筋种类	抗震等级	混凝土强度等级								
		C20	C25	C30	C35	C40	C45	C50	C55	≥C60
HPB300	一、二级（l_{abE}）	45d	39d	35d	32d	29d	28d	26d	25d	24d
	三级（l_{abE}）	41d	36d	32d	29d	26d	25d	24d	23d	22d
	四级（l_{abE}）非抗震（l_{ab}）	39d	34d	30d	28d	25d	24d	23d	22d	21d
HRB335 HRBF335	一、二级（l_{abE}）	44d	38d	33d	31d	29d	26d	25d	24d	24d
	三级（l_{abE}）	40d	35d	31d	28d	26d	24d	23d	22d	22d
	四级（l_{abE}）非抗震（l_{ab}）	38d	33d	29d	27d	25d	23d	22d	21d	21d
HRB400 HRBF400 RRB400	一、二级（l_{abE}）	—	46d	40d	37d	33d	32d	31d	30d	29d
	三级（l_{abE}）	—	42d	37d	34d	30d	29d	28d	27d	26d
	四级（l_{abE}）非抗震（l_{ab}）	—	40d	35d	32d	29d	28d	27d	26d	25d
HRB500 HRBF500	一、二级（l_{abE}）	—	55d	49d	45d	41d	39d	37d	36d	35d
	三级（l_{abE}）	—	50d	45d	41d	38d	36d	34d	33d	32d
	四级（l_{abE}）非抗震（l_{ab}）	—	48d	43d	39d	36d	34d	32d	31d	30d

1.2.25 锚固钢筋的外形系数 α

表 1 - 25　　　　　　　锚固钢筋的外形系数 α

钢筋类型	光圆钢筋	带肋钢筋	螺旋肋钢丝	三股钢绞线	七股钢绞线
α	0.16	0.14	0.13	0.16	0.17

注　光面钢筋末端应做 180° 弯钩，弯后平直段长度不应小于 3d，但作受压钢筋时可不做弯钩。

1.2.26 纵向受拉钢筋搭接长度修正系数 ζ_l

表 1 - 26   纵向受拉钢筋搭接长度修正系数 ζ_l

纵向搭接钢筋接头面积百分率/%	≤25	50	100
ζ_l	1.2	1.4	1.6

1.2.27 纵向受力钢筋的最小配筋百分率 ρ_{min}

表 1 - 27   纵向受力钢筋的最小配筋百分率 ρ_{min}

受 力 类 型		最小配筋百分率/%
受压构件	全部纵向钢筋 强度等级 500MPa	0.50
	全部纵向钢筋 强度等级 400MPa	0.55
	全部纵向钢筋 强度等级 300MPa、335MPa	0.60
	一侧纵向钢筋	0.20
受弯构件、偏心受拉、轴心受拉构件一侧的受拉钢筋		0.20 和 $45f_t/f_y$ 中的较大值

注 1. 受压构件全部纵向钢筋最小配筋百分率，采用 C60 以上强度等级的混凝土时，应按表中规定增加 0.10。

2. 板类受弯构件（不包括悬臂板）的受拉钢筋，采用强度级别 400MPa、500MPa 的钢筋时，其最小配筋百分率应允许采用 0.15 和 $45f_t/f_y$ 中的较大值。

3. 偏心受拉构件中的受压钢筋，应按受压构件一侧纵向钢筋考虑。

4. 受压构件的全部纵向钢筋和一侧纵向钢筋的配筋率以及轴心受拉构件和小偏心受拉构件一侧受拉钢筋的配筋率均应按构件的全截面面积计算。

5. 受弯构件、大偏心受拉构件一侧受拉钢筋的配筋率应按全截面面积扣除受压翼缘面积 $(b_f'-b)h_f'$ 后的截面面积计算。

6. 当钢筋沿构件截面周边布置时，"一侧纵向钢筋"系指沿受力方向两个对边中一边布置的纵向钢筋。

2

承载能力极限状态计算

2.1 公式速查

2.1.1 基本假定

正截面承载力应按下列基本假定进行计算。

（1）截面应变保持平面。

（2）不考虑混凝土的抗拉强度。

（3）混凝土受压的应力与应变关系按下列规定取用：

若 $\varepsilon_c \leqslant \varepsilon_0$

$$\sigma_c = f_c \left[1 - \left(1 - \frac{\varepsilon_c}{\varepsilon_0} \right)^n \right]$$

若 $\varepsilon_0 < \varepsilon_c \leqslant \varepsilon_{cu}$

$$\sigma_c = f_c$$

$$n = 2 - \frac{1}{60}(f_{cu,k} - 50)$$

$$\varepsilon_0 = 0.002 + 0.5(f_{cu,k} - 50) \times 10^{-5}$$

$$\varepsilon_{cu} = 0.0033 - (f_{cu,k} - 50) \times 10^{-5}$$

式中　σ_c——混凝土压应变为 σ_c 时的混凝土压应力；

　　　f_c——混凝土轴心抗压强度设计值，按表 1-2 取值；

　　　ε_0——混凝土压应力刚达到 f_c 时的混凝土压应变，计算的 ε_0 值小于 0.002 时，取值为 0.002；

　　　ε_{cu}——正截面的混凝土极限压应变，处于非均匀受压时，按上面公式计算，如计算的值大于 0.0033，取 0.0033；处于轴心受压时取为 ε_0；

　　　$f_{cu,k}$——混凝土立方体抗压强度标准值；

　　　n——系数，计算的 n 值大于 2.0 时，取值为 2.0。

（4）纵向受拉钢筋的极限拉应变取值为 0.01。

（5）纵向钢筋的应力应按下列规定确定：

①普通钢筋

$$\sigma_{si} = E_s \varepsilon_{cu} \left(\frac{\beta_1 h_{0i}}{x} - 1 \right)$$

$$\sigma_{si} = \frac{f_y}{\xi_b - \beta_1} \left(\frac{x}{h_{0i}} - \beta_1 \right)$$

$$-f_y' \leqslant \sigma_{si} \leqslant f_y$$

$$\varepsilon_{cu} = 0.0033 - (f_{cu,k} - 50) \times 10^{-5}$$

式中　σ_{si}——第 i 层纵向普通钢筋的应力，正值代表拉应力，负值代表压应力；

　　　E_s——钢筋的弹性模量，按表 1-12 取值；

　　　ε_{cu}——非均匀受压时的混凝土极限压应变；

　　　β_1——系数，混凝土强度等级不超过 C50 时，β_1 取为 0.80；混凝土强度等级为 C80 时，β_1 取为 0.74；其间按线性内插法确定；

h_{0i}——第 i 层纵向钢筋截面重心至截面受压边缘的距离；

x——等效矩形应力图形的混凝土受压区高度；

f_y、f_y'——普通钢筋抗拉、抗压强度设计值，按表 1-9 取值；

$f_{cu,k}$——混凝土立方体抗压强度标准值；

ξ_b——相对界限受压区高度，取 x_b/h_0，x_b 为界限受压区高度；h_0 为截面有效高度，纵向受拉钢筋合力点至截面受压边缘的距离，见表
$2-1\begin{Bmatrix}\blacktriangle\ \text{有屈服点普通钢筋}\\ \blacksquare\ \text{无屈服点普通钢筋}\end{Bmatrix}$：

▲ 有屈服点普通钢筋

$$\xi_b = \frac{\beta_1}{1 + \dfrac{f_y}{E_s \varepsilon_{cu}}}$$

式中 E_s——钢筋弹性模量，按表 1-12 取值；

ε_{cu}——非均匀受压时的混凝土极限压应变；

β_1——系数，混凝土强度等级不超过 C50 时，β_1 取 0.80；混凝土强度等级为 C80 时，β_1 取 0.74；其间按线性内插法确定；

f_y——普通钢筋抗拉强度设计值，按表 1-9 取值。

■ 无屈服点普通钢筋

$$\xi_b = \frac{\beta_1}{1 + \dfrac{0.002}{\varepsilon_{cu}} + \dfrac{f_y}{E_s \varepsilon_{cu}}}$$

式中 E_s——钢筋弹性模量，按表 1-12 取值；

ε_{cu}——非均匀受压时的混凝土极限压应变；

β_1——系数，混凝土强度等级不超过 C50 时，β_1 取 0.80；混凝土强度等级为 C80 时，β_1 取 0.74；其间按线性内插法确定；

f_y——普通钢筋抗拉强度设计值，按表 1-9 取值。

②预应力筋

$$\sigma_{pi} = E_s \varepsilon_{cu} \left(\frac{\beta_1 h_{0i}}{x} - 1 \right) + \sigma_{p0i}$$

$$\sigma_{pi} = \frac{f_{py} - \sigma_{p0i}}{\xi_b - \beta_1} \left(\frac{x}{h_{0i}} - \beta_1 \right) + \sigma_{p0i}$$

$$\sigma_{p0i} - f_{py}' \leqslant \sigma_{pi} \leqslant f_{py}$$

$$\xi_b = \frac{\beta_1}{1 + \dfrac{0.002}{\varepsilon_{cu}} + \dfrac{f_y - \sigma_{p0}}{E_s \varepsilon_{cu}}}$$

式中 σ_{pi}——第 i 层预应力筋的应力，正值代表拉应力，负值代表压应力；

E_s——钢筋弹性模量，按表 1-12 取值；

ε_{cu}——非均匀受压时的混凝土极限压应变；

β_1——系数，混凝土强度等级不超过 C50 时，β_1 取 0.80；混凝土强度等级为 C80 时，β_1 取 0.74；其间按线性内插法确定；

h_{0i}——第 i 层纵向钢筋截面重心至截面受压边缘的距离；

x——等效矩形应力图形的混凝土受压区高度；

σ_{p0i}——第 i 层纵向预应力筋截面重心处混凝土法向应力等于零时的预应力筋应力；

f_{py}、f'_{py}——预应力筋抗拉、抗压强度设计值，按表 1-10 取值；

ξ_b——相对界限受压区高度，取 x_b/h_0、x_b 为界限受压区高度；h_0 为截面有效高度，纵向受拉钢筋合力点至截面受压边缘的距离，见表 2-1；

f_y——普通钢筋抗拉强度设计值，按表 1-9 取值；

σ_{p0}——受拉区纵向预应力筋合力点处混凝土法向应力等于零时的预应力筋应力。

2.1.2 矩形或倒 T 形截面受弯构件正截面受弯承载力计算

矩形截面或翼缘位于受拉边的倒 T 形截面受弯构件，其正截面受弯承载力应符合下列规定（如图 2-1 所示）：

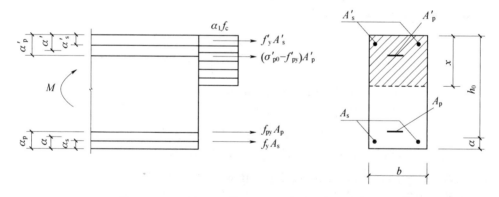

图 2-1 矩形截面受弯构件正截面受弯承载力计算

$$M \leqslant \alpha_1 f_c b x \left(h_0 - \frac{x}{2}\right) + f'_y A'_s (h_0 - a'_s) - (\sigma'_{p0} - f'_{py}) A'_p (h_0 - a'_p)$$

$$\alpha_1 f_c b x = f_y A_s - f'_y A'_s + f_{py} A_p + (\sigma'_{p0} - f'_{py}) A'_p$$

$$x \leqslant \xi_b h_0$$

$$x \geqslant 2a'$$

式中　M——弯矩设计值；

α_1——系数，混凝土强度等级不超过 C50 时，α_1 取 1.0；混凝土强度等级为

C80 时，α_1 取 0.94；其间按线性内插法确定；

f_c——混凝土轴心抗压强度设计值，按表 1-2 取值；

A_s、A'_s——受拉区、受压区纵向普通钢筋的截面面积；

A_p、A'_p——受拉区、受压区纵向预应力筋的截面面积；

σ'_{p0}——受压区纵向预应力筋合力点处混凝土法向应力等于零时的预应力筋应力；

b——矩形截面的宽度或倒 T 形截面的腹板宽度；

x——等效矩形应力图形的混凝土受压区高度；

h_0——截面有效高度；

a'_s、a'_p——受压区纵向普通钢筋合力点、预应力筋合力点至截面受压边缘的距离；

a'——受压区全部纵向钢筋合力点至截面受压边缘的距离，受压区未配置纵向预应力筋或受压区纵向预应力筋应力（$\sigma'_{p0} - f'_{py}$）为拉应力时，上式中的 a' 用 a'_s 代替；

σ_b——相对界限受压区高度，取 x_b/h_0，见表 2-1；

f_y、f_{py}——普通钢筋、预应力筋抗拉强度设计值，按表 1-9、表 1-10 取值；

f_y、f_{py}——普通钢筋、预应力筋抗压强度设计值，按表 1-9、表 1-10 取值。

2.1.3　T 形、I 形截面受弯构件正截面受弯承载力计算

翼缘位于受压区的 T 形、I 形截面受弯构件（如图 2-2 所示），其正截面受弯承载力计算应符合下列规定：

$$f_y A_s + f_{py} A_p \leqslant \alpha_1 f_c b'_f h'_f + f'_y A'_s - (\sigma'_{p0} - f'_{py}) A'_p$$

$$M \leqslant \alpha_1 f_c b x \left(h_0 - \frac{x}{2}\right) + \alpha_1 f_c (b'_f - b) h'_f \left(h_0 - \frac{h'_f}{2}\right) + f'_y A'_s (h_0 - a'_s) - (\sigma'_{p0} - f'_{py}) A'_p (h_0 - a'_p)$$

$$\alpha_1 f_c [b x + (b'_f - b) h'_f] = f_y A_s - f'_y A'_s + f_{py} A_p + (\sigma'_{p0} - f'_{py}) A'_p$$

$$x \leqslant \xi_b h_0$$

$$x \geqslant 2a'$$

式中　h'_f——T 形、I 形截面受压区的翼缘高度；

b'_f——T 形、I 形截面受压区的翼缘计算宽度，按表 2-5 所列情况中的最小值取用；

M——弯矩设计值；

α_1——系数，混凝土强度等级不超过 C50 时，α_1 取 1.0；混凝土强度等级为 C80 时，α_1 取 0.94；其间按线性内插法确定；

f_c——混凝土轴心抗压强度设计值，按表 1-2 取值；

A_s、A'_s——受拉区、受压区纵向普通钢筋的截面面积；

A_p、A'_p——受拉区、受压区纵向预应力筋的截面面积；

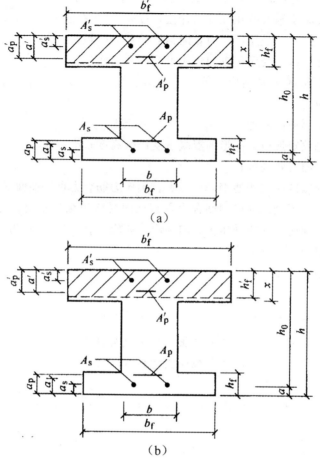

（a）

（b）

图 2-2　I 形截面受弯构件受压区高度位置

（a）$x \leqslant h'_f$；（b）$x > h'_f$

σ'_{p0}——受压区纵向预应力筋合力点处混凝土法向应力等于零时的预应力筋
　　　　应力；

b——矩形截面的宽度或倒 T 形截面的腹板宽度；

x——等效矩形应力图形的混凝土受压区高度；

h_0——截面有效高度；

a'_s、a'_p——受压区纵向普通钢筋合力点、预应力筋合力点至截面受压边缘的
　　　　距离；

f_y、f_{py}——普通钢筋、预应力筋抗拉强度设计值，按表 2-2、表 2-4 取值；

f'_y、f'_{py}——普通钢筋、预应力筋抗压强度设计值，按表 2-2、表 2-4 取值。

2.1.4 矩形、T形和I形截面受弯构件斜截面受剪承载力计算

（1）矩形、T形和I形截面受弯构件的受剪截面应符合下列条件：

$$
\begin{cases}
若\ h_\mathrm{w}/b \leqslant 4 & V \leqslant 0.25\beta_\mathrm{c}f_\mathrm{c}bh_0 \\
若\ h_\mathrm{w}/b \geqslant 6 & V \leqslant 0.2\beta_\mathrm{c}f_\mathrm{c}bh_0 \\
若\ 4 < h_\mathrm{w}/b < 6， 按线性内插法确定 &
\end{cases}
$$

式中　V——构件斜截面上的最大剪力设计值；

　　　β_c——混凝土强度影响系数，混凝土强度等级不超过 C50 时，β_c 取 1.0；混凝土强度等级为 C80 时，β_c 取 0.8；其间按线性内插法确定；

　　　f_c——混凝土轴心抗压强度设计值，按表 1-2 取值；

　　　b——矩形截面的宽度，T形截面或I形截面的腹板宽度；

　　　h_0——截面的有效高度；

　　　h_w——截面的腹板高度，矩形截面，取有效高度；T形截面，取有效高度减去翼缘高度；I形截面，取腹板净高。

　　注：①对 T形或I形截面的简支受弯构件，有实践经验时，上式中的 0.25 可改用 0.3。

　　　　②对受拉边倾斜的构件，有实践经验时，其受剪截面的控制条件可适当放宽。

（2）当仅配置箍筋时，矩形、T形和I形截面受弯构件的斜截面受剪承载力 V，应符合下列规定：

$$V \leqslant V_\mathrm{cs} + V_\mathrm{p}$$

$$V_\mathrm{cs} = \alpha_\mathrm{cv}f_\mathrm{t}bh_0 + f_\mathrm{yv}\frac{A_\mathrm{sv}}{s}h_0$$

$$V_\mathrm{p} = 0.05N_\mathrm{p0}$$

式中　V_cs——构件斜截面上混凝土和箍筋的受剪承载力设计值；

　　　V_p——由预加力所提高的构件受剪承载力设计值；

　　　α_cv——斜截面混凝土受剪承载力系数，对于一般受弯构件取 0.7；对集中荷载作用下（包括作用有多种荷载，其中集中荷载对支座截面或节点边缘所产生的剪力值占总剪力的 75% 以上的情况）的独立梁，取 α_cv 为 $\dfrac{1.75}{\lambda+1}$，λ 为计算截面的剪跨比，可取 λ 等于 a/h_0；小于 1.5 时，取 1.5；λ 大于 3 时，取 3，a 取集中荷载作用点至支座截面或节点边缘的距离；

　　　f_t——混凝土轴心抗拉强度设计值，按表 1-2 取值；

　　　b——矩形截面的宽度，T形截面或I形截面的腹板宽度；

　　　h_0——截面的有效高度；

A_{sv}——配置在同一截面内箍筋各肢的全部截面面积，即 nA_{sv1}，此处，n 为在同一个截面内箍筋的肢数，A_{sv1} 为单肢箍筋的截面面积；

s——沿构件长度方向的箍筋间距；

f_{yv}——箍筋的抗拉强度设计值；

N_{p0}——计算截面上混凝土法向预应力等于零时的预加力，N_{p0} 大于 $0.3f_cA_0$ 时，取 $0.3f_cA_0$，此处，A_0 为构件的换算截面面积。

注：①对预加力 N_{p0} 引起的截面弯矩与外弯矩方向相同的情况，以及预应力混凝土连续梁和允许出现裂缝的预应力混凝土简支梁，均应取 V_p 为 0；

②先张法预应力混凝土构件，在计算合力 N_{p0} 时，应按《混凝土结构设计规范》（GB 50010—2010）第 7.1.9 条的规定考虑预应力筋传递长度的影响。

（3）配置箍筋和弯起钢筋时，矩形、T 形和 I 形截面受弯构件的斜截面受剪承载力应符合下列规定：

$$V \leqslant V_{cs} + V_p + 0.8f_{yv}A_{sb}\sin\alpha_s + 0.8f_{py}A_{pb}\sin\alpha_p$$

$$V_{cs} = \alpha_{cv}f_tbh_0 + f_{yv}\frac{A_{sv}}{s}h_0$$

$$V_p = 0.05N_{p0}$$

式中　V——配置弯起钢筋处的剪力设计值，计算第一排（对支座而言）弯起钢筋时，取支座边缘处的剪力值；计算以后的每一排弯起钢筋时，取前一排（对支座而言）弯起钢筋弯起点处的剪力值；

V_{cs}——构件斜截面上混凝土和箍筋的受剪承载力设计值；

V_p——由预加力所提高的构件受剪承载力设计值，按上式计算，但计算预加力 N_{p0} 时不考虑预应力筋的作用；

f_{yv}——箍筋的抗拉强度设计值；

f_{py}——预应力筋抗拉强度设计值，按表 1-10 取值；

A_{sb}、A_{pb}——同一平面内的弯起普通钢筋、弯起预应力筋的截面面积；

α_s、α_p——斜截面上弯起普通钢筋、弯起预应力筋的切线与构件纵轴线的夹角；

α_{cv}——斜截面混凝土受剪承载力系数，对于一般受弯构件取 0.7；对集中荷载作用下（包括作用有多种荷载，其中集中荷载对支座截面或节点边缘所产生的剪力值占总剪力的 75% 以上的情况）的独立梁，取 α_{cv} 为 $\dfrac{1.75}{\lambda+1}$，λ 为计算截面的剪跨比，可取 R 等于 a/h_0，λ 小于 1.5 时，取 1.5；λ 大于 3 时，取 3，a 取集中荷载作用点至支座截面或节点边缘的距离；

f_t——混凝土轴心抗拉强度设计值，按表 1-2 取值；

b——矩形截面的宽度，T 形截面或 I 形截面的腹板宽度；

h_0——截面的有效高度;

A_{sv}——配置在同一截面内箍筋各肢的全部截面面积,即 nA_{sv1},此处,n 为在同一个截面内箍筋的肢数,A_{sv1} 为单肢箍筋的截面面积;

s——沿构件长度方向的箍筋间距;

N_{p0}——计算截面上混凝土法向预应力等于零时的预加力,N_{p0} 大于 $0.3f_cA_0$ 时,取 $0.3f_cA_0$,此处,A_0 为构件的换算截面面积。

(4)矩形、T 形和 I 形截面的一般受弯构件,符合下式要求时,可不进行斜截面的受剪承载力计算。

$$V \leqslant \alpha_{cv} f_t b h_0 + 0.05 N_{p0}$$

式中 α_{cv}——截面混凝土受剪承载力系数,对于一般受弯构件取 0.7;对集中荷载作用下(包括作用有多种荷载,其中集中荷载对支座截面或节点边缘所产生的剪力值占总剪力的 75% 以上的情况)的独立梁,取 α_{cv} 为 $\dfrac{1.75}{\lambda+1}$,λ 为计算截面的剪跨比,可取 λ 等于 a/h_0,λ 小于 1.5 时,取 1.5;λ 大于 3 时,取 3,a 取集中荷载作用点至支座截面或节点边缘的距离;

f_t——混凝土轴心抗拉强度设计值,按表 1-2 取值;

b——矩形截面的宽度,T 形截面或 I 形截面的腹板宽度;

h_0——截面的有效高度;

N_{p0}——计算截面上混凝土法向预应力等于零时的预加力,N_{p0} 大于 $0.3f_cA_0$ 时,取 $0.3f_cA_0$,此处,A_0 为构件的换算截面面积。

(5)受拉边倾斜的矩形、T 形和 I 形截面受弯构件,其斜截面受剪承载力应符合下列规定(如图 2-3 所示):

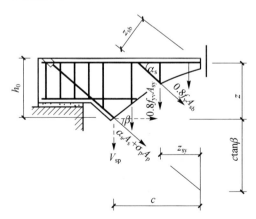

图 2-3 受拉边倾斜的受弯构件的斜截面受剪承载力计算

$$V \leqslant V_{cs} + V_{sp} + 0.8 f_y A_{sb} \sin\alpha_s$$

$$V_{cs} = \alpha_{cv} f_t b h_0 + f_{yv} \frac{A_{sv}}{s} h_0$$

$$V_{sp} = \frac{M - 0.8(\sum f_{yv} A_{sv} z_{sv} + \sum f_y A_{sb} z_{sb})}{z + c \tan\beta} \tan\beta$$

式中 M——构件斜截面受压区末端的弯矩设计值；

     V_{cs}——构件斜截面上混凝土和箍筋的受剪承载力设计值，上式中 h_0 取斜截面受拉区始端的垂直截面有效高度；

     V_{sp}——构件截面上受拉边倾斜的纵向非预应力和预应力受拉钢筋的合力设计值在垂直方向的投影，对钢筋混凝土受弯构件，其值不应大于 $f_y A_s \sin\beta$；对预应力混凝土受弯构件，其值不应大于 $(f_{py} A_p + f_y A_s)$ sin，且不应小于 $\sigma_{pe} A_p \sin\beta$；

     f_y——普通钢筋抗拉强度设计值，按表 1-9 取值；

     A_{sb}——同一平面内的弯起普通钢筋的截面面积；

     α_s——斜截面上弯起普通钢筋的切线与构件纵轴线的夹角；

     α_{cv}——截面混凝土受剪承载力系数，对于一般受弯构件取 0.7；对集中荷载作用下（包括作用有多种荷载，其中集中荷载对支座截面或节点边缘所产生的剪力值占总剪力的 75% 以上的情况）的独立梁，取 α_{cv} 为 $\frac{1.75}{\lambda+1}$，λ 为计算截面的剪跨比，可取 λ 等于 a/h_0；λ 小于 1.5 时，取 1.5；λ 大于 3 时，取 3；a 取集中荷载作用点至支座截面或节点边缘的距离；

     f_t——混凝土轴心抗拉强度设计值，按表 1-2 取值；

     b——矩形截面的宽度，T 形截面或 I 形截面的腹板宽度；

     h_0——截面的有效高度；

     f_{yv}——箍筋的抗拉强度设计值；

     A_{sv}——配置在同一截面内箍筋各肢的全部截面面积，即 nA_{sv1}，此处，n 为在同一个截面内箍筋的肢数，A_{sv1} 为单肢箍筋的截面面积；

     s——沿构件长度方向的箍筋间距；

     z_{sv}——同一截面内箍筋的合力至斜截面受压区合力点的距离；

     z_{sb}——同一弯起平面内的弯起普通钢筋的合力至斜截面受压区合力点的距离；

     z——斜截面受拉区始端处纵向受拉钢筋合力的水平分力至斜截面受压区合力点的距离，可近似取为 $0.9h_0$；

     β——斜截面受拉区始端处倾斜的纵向受拉钢筋的倾角；

     c——斜截面的水平投影长度，可近似取为 h_0。

    注：在梁截面高度开始变化处，斜截面的受剪承载力应按等截面高度梁和变截面高度梁的有关公式分别计算，并应按不利者配置箍筋和弯起钢筋。

2.1.5 无腹筋板受弯构件斜截面受剪承载力计算

不配置箍筋和弯起钢筋的一般板类受弯构件，其斜截面受剪承载力 V，应符合下列规定：

$$V \leqslant 0.7\beta_h f_t bh_0$$

式中　β_h——截面高度影响系数取值 h_0 小于 800mm 时，取 800mm；h_0 大于 2000mm 时，取 2000mm；

　　　　f_t——混凝土轴心抗拉强度设计值，按表 1-2 取值；

　　　　b——矩形截面的宽度，T 形截面或 I 形截面的腹板宽度；

　　　　h_0——截面的有效高度。

2.1.6 轴心受压构件正截面受压承载力计算

（1）钢筋混凝土轴心受压构件，当配置的箍筋符合规定时，其正截面受压承载力应符合下列规定（如图 2-4 所示）：

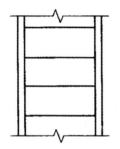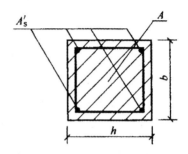

图 2-4　配置箍筋的钢筋混凝土轴心受压构件

$$N \leqslant 0.9\varphi(f_c A + f_y' A_s')$$

式中　N——轴向压力设计值；

　　　　φ——钢筋混凝土构件的稳定系数，按表 2-3 取值；

　　　　f_c——混凝土轴心抗压强度设计值，按表 1-2 取值；

　　　　f_y'——普通钢筋抗压强度设计值，按表 1-9 取值；

　　　　A——构件截面面积；

　　　　A_s'——全部纵向钢筋的截面面积。

当纵向钢筋配筋率大于 3% 时，上式中的 A 应改用 $(A-A_s')$ 代替。

（2）钢筋混凝土轴心受压构件，当配置的螺旋式或焊接环式间接钢筋符合规定时，其正截面受压承载力应符合下列规定（如图 2-5 所示）：

$$N \leqslant 0.9(f_c A_{cor} + f_y' A_s' + 2\alpha f_{yv} A_{ss0})$$

$$A_{ss0} = \frac{\pi d_{cor} A_{ss1}}{s}$$

式中　N——轴向压力设计值；

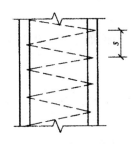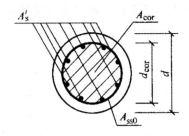

图 2-5 配置螺旋式间接钢筋的钢筋混凝土轴心受压构件截面

f_{yv}——间接钢筋的抗拉强度设计值；

f_c——混凝土轴心抗压强度设计值，按表 1-2 取值；

f_y'——普通钢筋抗压强度设计值，按表 1-9 取值；

A_{cor}——构件的核心截面面积，间接钢筋内表面范围内的混凝土面积；

A_s'——全部纵向钢筋的截面面积；

A_{ss0}——螺旋式或焊接环式间接钢筋的换算截面面积；

d_{cor}——构件的核心截面直径，间接钢筋内表面之间的距离；

A_{ss1}——螺旋式或焊接环式单根间接钢筋的截面面积；

s——间接钢筋沿构件轴线方向的间距；

α——间接钢筋对混凝土约束的折减系数，混凝土强度等级不超过 C50 时，取 1.0；混凝土强度等级为 C80 时，取 0.85，其间按线性内插法确定。

2.1.7 矩形截面偏心受压构件正截面受压承载力计算

矩形截面偏心受压构件正截面受压承载力应符合下列规定（如图 2-6 所示）：

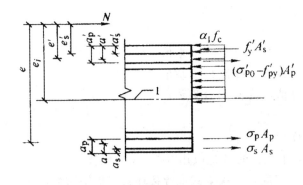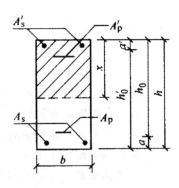

图 2-6 矩形截面偏心受压构件正截面受压承载力计算

1——截面重心轴

$$N \leqslant \alpha_1 f_c b x + f_y' A_s' - \sigma_s A_s - (\sigma_{p0}' - f_{py}') A_p' - \sigma_p A_p$$

$$Ne \leqslant \alpha_1 f_c b x \left(h_0 - \frac{x}{2} \right) + f_y' A_s' (h_0 - a_s') - (\sigma_{p0}' - f_{py}') A_p' (h_0 - a_p')$$

$$e = e_i + \frac{h}{2} - a$$

$$e_i = e_0 + e_a$$

式中　　N——轴向压力设计值；

α_1——系数，混凝土强度等级不超过 C50 时，α_1 取为 1.0；混凝土强度等级为 C80 时，α_1 取为 0.94；其间按线性内插法确定；

f_c——混凝土轴心抗压强度设计值，按表 1 - 2 取值；

f'_y、f'_{py}——普通钢筋、预应力筋抗压强度设计值，按表 1 - 9、表 1 - 10 取值；

A_s、A'_s——受拉区、受压区纵向普通钢筋的截面面积；

A_p、A'_p——受拉区、受压区纵向预应力筋的截面面积；

a'_s、a'_p——受压区纵向普通钢筋合力点、预应力筋合力点至截面受压边缘的距离；

σ'_{p0}——受压区纵向预应力筋合力点处混凝土法向应力等于零时的预应力筋应力；

h_0——截面有效高度，对环形截面，取 $h_0 = r_2 + r_s$；对圆形截面，取 $h_0 = r + r_s$；此处，r 为圆形截面的半径，r_2 为环形截面的外半径，r_s 为纵向普通钢筋重心所在圆周的半径；

b——矩形截面的宽度或倒 T 形截面的腹板宽度；

x——等效矩形应力图形的混凝土受压区高度；

σ_s、σ_p——受拉边或受压较小边的纵向普通钢筋、预应力筋的应力；

e——轴向压力作用点至纵向受拉普通钢筋和受拉预应力筋的合力点的距离；

e_i——初始偏心距；

h——截面高度，对环形截面，取外直径；对圆形截面，取直径；

a——纵向受拉普通钢筋和受拉预应力筋的合力点至截面近边缘的距离；

e_a——附加偏心距，其值应取 20mm 和偏心方向截面最大尺寸的 1/30 两者中的较大值；

e_0——轴向压力对截面重心的偏心距，取为 M/N，当需要考虑二阶效应时，M 为按下列规定确定的弯矩设计值

$\left.\begin{array}{l}\blacktriangle\ \text{非排架结构柱考虑二阶效应的弯矩设计值}\\\blacksquare\ \text{排架结构柱考虑二阶效应的弯矩设计值}\end{array}\right\}$：

▲ 非排架结构柱考虑二阶效应的弯矩设计值

$$M = C_m \eta_{ns} M_2$$

$$C_m = 0.7 + 0.3 \frac{M_1}{M_2}$$

$$\eta_{ns} = 1 + \frac{1}{1300(M_2/N + e_a)/h_0} \left(\frac{l_c}{h}\right)^2 \zeta_c$$

$$\zeta_c = \frac{0.5 f_c A}{N}$$

（若 $C_m\eta_{ns}$ 小于 1.0，取 1.0；对剪力墙及核心筒，可取 $C_m\eta_{ns}$ 等于 1.0）

式中　M——非排架结构柱考虑二阶效应的弯矩设计值；

　　　C_m——构件端截面偏心距调节系数，小于 0.7 时取 0.7；

　　　η_{ns}——非排架结构柱弯矩增大系数，其计算系数见表 2-7；

M_1、M_2——已考虑侧移影响的偏心受压构件两端截面按结构弹性分析确定的对同一主轴的组合弯矩设计值，绝对值较大端为 M_2，绝对值较小端为 M_1，当构件按单曲率弯曲时，M_1/M_2 取正值，否则取负值；

　　　N——与弯矩设计值 M_2 相应的轴向压力设计值；

　　　e_a——附加偏心距，其值应取 20mm 和偏心方向截面最大尺寸的 1/30 两者中的较大值；

　　　h_0——截面有效高度，对环形截面，取 $h_0=r_2+r_s$；对圆形截面，取 $h_0=r+r_s$。此处，r 为圆形截面的半径，r_2 为环形截面的外半径，r_s 为纵向普通钢筋重心所在圆周的半径；

　　　l_c——构件的计算长度，可近似取偏心受压构件相应主轴方向上下支撑点之间的距离；

　　　h——截面高度，对环形截面，取外直径；对圆形截面，取直径；

　　　ζ_c——截面曲率修正系数，当计算值大于 1.0 时取 1.0；

　　　f_c——混凝土轴心抗压强度设计值，按表 1-2 取值；

　　　K——非排架结构柱弯矩增大系数 η_{ns} 的计算系数；

　　　A——构件截面面积。

■ 排架结构柱考虑二阶效应的弯矩设计值

$$M=\eta_s M_0$$

$$\eta_s=1+\frac{1}{\dfrac{1500e_i}{h_0}}\left(\frac{l_0}{h}\right)^2\zeta_c$$

$$\zeta_c=\frac{0.5f_cA}{N}$$

$$e_i=e_0+e_a$$

式中　M——非排架结构柱考虑二阶效应的弯矩设计值弯矩设计值；

　　　η_s——非排架结构柱弯矩增大系数，其计算系数见表 2-8；

　　　M_0——一阶弹性分析柱端弯矩设计值；

　　　N——与弯矩设计值 M_2 相应的轴向压力设计值；

　　　e_0——轴向压力对截面重心的偏心距，$e_0=M_0/N$；

　　　e_a——附加偏心距，其值应取 20mm 和偏心方向截面最大尺寸的 1/30 两者中的较大值；

h、h_0——考虑弯曲方向柱的截面高度和截面有效高度；

l_0——排架柱的计算长度，按表 2-4 取值；

ζ_c——截面曲率修正系数，当计算值大于 1.0 时取 1.0；

f_c——混凝土轴心抗压强度设计值，按表 1-2 取值；

A——柱的截面面积。对于 I 形截面取：$A = bh + 2(b_f - b)h'_f$。

按上述规定计算时，还应符合下列要求。

(1) 钢筋的应力 σ_s、σ_p 可按下列情况确定：

①ξ 不大于 ξ_b 时为大偏心受压构件，取 σ_s 为 f_y、f_{py}，此处 ξ 为相对受压区高度，取为 x/h_0；

②ξ 大于 ξ_b 时为小偏心受压构件，σ_s、σ_p 按第二章第一节中的规定进行计算。

(2) 矩形截面非对称配筋的小偏心受压构件，N 大于 $f_c bh$ 时，还应按下列公式进行验算：

$$Ne' \leqslant f_c bh \left(h'_0 - \frac{h}{2} \right) + f'_y A_s (h'_0 - a_s) - (\sigma_{p0} - f'_{yp}) A_p (h'_0 - a_p)$$

$$e' = \frac{h}{2} - a' - (e_0 - e_a)$$

式中　N——轴向压力设计值；

f_c——混凝土轴心抗压强度设计值，按表 1-2 取值；

b——矩形截面的宽度或倒 T 形截面的腹板宽度；

h——截面高度，对环形截面，取外直径；对圆形截面，取直径；

h'_0——纵向受压钢筋合力点至截面远边的距离；

σ_{p0}——受拉区纵向预应力筋合力点处混凝土法向应力等于零时的预应力筋应力；

f'_y、f'_{py}——普通钢筋、预应力筋抗压强度设计值，按表 1-9、表 1-10 取值；

A_s、A_p——受拉区纵向普通钢筋、预应力筋的截面面积；

a_s、a_p——受拉区纵向普通钢筋、预应力筋至受拉边缘的距离；

e'——轴向压力作用点至受压区纵向钢筋和预应力钢筋的合力点的距离；

a'——受压区全部纵向钢筋合力点至截面受压边缘的距离；

e_0——轴向压力对截面重心的偏心距，取为 M/N；

e_a——附加偏心距，其值应取 20mm 和偏心方向截面最大尺寸的 1/30 两者中的较大值。

(3) 矩形截面对称配筋（$A'_s = A_s$）的钢筋混凝土小偏心受压构件，也可按下列近似公式计算纵向普通钢筋截面面积：

$$A'_s = \frac{Ne - \xi(1 - 0.5\xi)\alpha_1 f_c bh_0^2}{f'_y(h_0 - a'_s)}$$

$$\xi = \frac{N - \xi_b \alpha_1 f_c bh_0}{\dfrac{Ne - 0.43\alpha_1 f_c bh_0^2}{(\beta_1 - \xi_b)(h_0 - a'_s)} + \alpha_1 f_c bh_0} + \xi_b$$

式中　N——轴向压力设计值；

e——轴向压力作用点至纵向受拉普通钢筋和受拉预应力筋的合力点的距离；

ξ——相对受压区高度；

α_1——系数，混凝土强度等级不超过 C50 时，α_1 取为 1.0；混凝土强度等级为 C80 时，α_1 取为 0.94；其间按线性内插法确定；

f_c——混凝土轴心抗压强度设计值，按表 1-2 取值；

b——矩形截面的宽度或倒 T 形截面的腹板宽度；

h_0——截面有效高度，对环形截面，取 $h_0 = r_2 + r_s$；对圆形截面，取 $h_0 = r + r_s$；此处，r 为圆形截面的半径；r_2 为环形截面的外半径；r_s 为纵向普通钢筋重心所在圆周的半径；

f_y'——普通钢筋抗压强度设计值，按表 1-9 取值；

a_s'——受压区纵向普通钢筋合力点至截面受压边缘的距离；

ξ_b——相对界限受压区高度，取 x_b/h_0，见表 2-1；

β_1——系数，混凝土强度等级不超过 C50 时，β_1 取为 0.80；混凝土强度等级为 C80 时，β_1 取为 0.74；其间按线性内插法确定。

2.1.8　I 形截面偏心受压构件正截面受压承载力计算

I 形截面偏心受压构件的受压翼缘计算宽度 b_f' 应按表 2-2 确定，其正截面受压承载力应符合下列规定。

(1) 受压区高度 x 不大于 h_f' 时，应按宽度为受压翼缘计算宽度 b_f' 的矩形截面计算。

(2) 受压区高度 x 大于 h_f' 时（如图 2-7 所示），计算应符合下列规定：

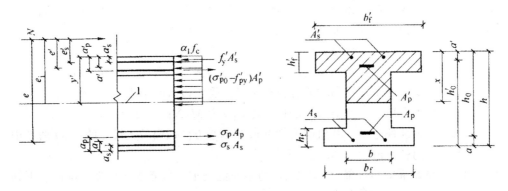

图 2-7　I 形截面偏心受压构件正截面受压承载力计算

1——截面重心轴

$$N \leqslant \alpha_1 f_c [bx + (b_f' - b)h_f'] + f_y'A_s' - \sigma_s A_s - (\sigma_{p0}' - f_{py}')A_p' - \sigma_p A_p$$

$$Ne \leqslant \alpha_1 f_c \left[bx\left(h_0 - \frac{x}{2}\right) + (b_f' - b)h_f'\left(h_0 - \frac{h_f'}{2}\right) \right] + f_y'A_s'(h_0 - a_s') - (\sigma_{p0}' - f_{py}')A_p'(h_0 - a_p')$$

式中　N——与弯矩设计值 M_2 相应的轴向压力设计值；

e——轴向压力作用点至纵向受拉普通钢筋和受拉预应力筋的合力点的距离；

α_1——系数，混凝土强度等级不超过 C50 时，α_1 取为 1.0；混凝土强度等级为 C80 时，α_1 取为 0.94；其间按线性内插法确定；

f_c——混凝土轴心抗压强度设计值，按表 1 - 2 取值；

b——矩形截面的宽度或倒 T 形截面的腹板宽度；

h_0——截面有效高度，对环形截面，取 $h_0 = r_2 + r_s$；对圆形截面，取 $h_0 = r + r_s$；此处，r 为圆形截面的半径；r_2 为环形截面的外半径；r_s 为纵向普通钢筋重心所在圆周的半径；

A_s、A_s'——受拉区、受压区纵向普通钢筋的截面面积；

A_p、A_p'——受拉区、受压区纵向预应力筋的截面面积；

a_s'、a_p'——受压区纵向普通钢筋合力点、预应力筋合力点至截面受压边缘的距离；

σ_{p0}——受压区纵向预应力筋合力点处混凝土法向应力等于零时的预应力筋应力；

x——等效矩形应力图形的混凝土受压区高度；

σ_s、σ_p——受拉边或受压较小边的纵向普通钢筋、预应力筋的应力；

h_f'——T 形、I 形截面受压区的翼缘高度；

b_f'——T 形、I 形截面受压区的翼缘计算宽度，按表 2 - 2 所列情况中的最小值取用；

f_y'、f_{py}'——普通钢筋、预应力筋抗压强度设计值，按表 1 - 9、表 1 - 10 取值。

（3）x 大于 $(h - h_f)$ 时，其正截面受压承载力计算应计入受压较小边翼缘受压部分的作用，此时，受压较小边翼缘计算宽度 b_f 应按表 2 - 2 确定。

（4）对采用非对称配筋的小偏心受压构件，N 大于 $f_c A$ 时，还应按下列公式进行验算：

$$Ne' \leqslant f_c \left[bh \left(h_0' - \frac{h}{2} \right) + (b_f - b)h_f \left(h_0' - \frac{h_f}{2} \right) + (b_f' - b)h_f' \left(\frac{h_f'}{2} - a' \right) \right] + f_y' A_s (h_0' - a_s)$$

$$- (\sigma_{p0} - f_{py}') A_p (h_0' - a')$$

$$e' = y' - a' - (e_0 - e_a)$$

式中 N——与弯矩设计值 M_2 相应的轴向压力设计值；

e'——轴向压力作用点至受压区纵向钢筋和预应力钢筋的合力点的距离；

f_c——混凝土轴心抗压强度设计值，按表 1 - 2 取值；

b——矩形截面的宽度或倒 T 形截面的腹板宽度；

h——截面高度，对环形截面，取外直径；对圆形截面，取直径；

h_0'——纵向受压钢筋合力点至截面远边的距离；

A_s、A_p——受拉区纵向普通钢筋、预应力筋的截面面积；

a'——受压区全部纵向钢筋合力点至截面受压边缘的距离；

a_s、a_p——受拉区纵向普通钢筋、预应力筋至受拉边缘的距离；

σ_{p0}——受拉区纵向预应力筋合力点处混凝土法向应力等于零时的预应力筋应力；

b_f——T形、I形截面受压较小边翼缘高度；

h_f——T形、I形截面受压较小边翼缘计算宽度；

h'_f——T形、I形截面受压区的翼缘高度；

b'_f——T形、I形截面受压区的翼缘计算宽度，按表 2-2 所列情况中的最小值取用；

f'_y、f'_{py}——普通钢筋、预应力筋抗压强度设计值，按表 1-9、表 1-10 取值；

y'——截面重心至离轴向压力较近一侧受压边的距离，截面对称时，取 $h/2$；

e_0——轴向压力对截面重心的偏心距，取为 M/N；

e_a——附加偏心距，其值应取 20mm 和偏心方向截面最大尺寸的 1/30 两者中的较大值。

注：对仅在离轴向压力较近一侧有翼缘的 T 形截面，可取 b_f 为 b；对仅在离轴向压力较远一侧有翼缘的倒 T 形截面，可取 b'_f 为 b。

2.1.9　矩形、T形或I形截面偏心受压构件正截面受压承载力计算

沿截面腹部均匀配置纵向钢筋的矩形、T 形或 I 形截面钢筋混凝土偏心受压构件（如图 2-8 所示），其正截面受压承载力宜符合下列规定：

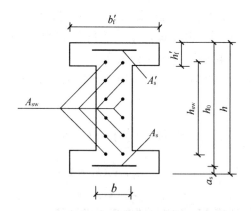

图 2-8　沿截面腹部均匀配筋的 I 形截面

$$N \leqslant \alpha_1 f_c [\xi b h_0 + (b'_f - b) h'_f] + f'_y A'_s - \sigma_s A_s + N_{sw}$$

$$Ne \leqslant \alpha_1 f_c \left[\xi (1 - 0.5\xi) b h_0^2 + (b'_f - b) h'_f (h_0 - \frac{h'_f}{2}) \right] + f'_y A'_s (h_0 - a'_s) + M_{sw}$$

$$N_{sw} = \left(1 + \frac{\xi - \beta_1}{0.5\beta_1 \omega} \right) f_{yw} A_{sw}$$

$$M_{sw} = \left[0.5 - \left(\frac{\xi - \beta_1}{\beta_1 \omega} \right)^2 \right] f_{yw} A_{sw} h_{sw}$$

式中　N——轴向压力设计值；

$\quad\quad e$——轴向压力作用点至纵向受拉普通钢筋和受拉预应力筋的合力点的距离；

$\quad\quad \alpha_1$——系数，混凝土强度等级不超过 C50 时，α_1 取为 1.0；混凝土强度等级为 C80 时，α_1 取为 0.94；其间按线性内插法确定；

$\quad\quad f_c$——混凝土轴心抗压强度设计值，按表 1-2 取值；

$\quad\quad b$——矩形截面的宽度或倒 T 形截面的腹板宽度；

$\quad\quad h_0$——截面有效高度，对环形截面，取 $h_0 = r_2 + r_s$；对圆形截面，取 $h_0 = r + r_s$。此处，r 为圆形截面的半径，r_2 为环形截面的外半径，r_s 为纵向普通钢筋重心所在圆周的半径；

$\quad\quad \xi$——相对受压区高度；

A_s、A'_s——受拉区、受压区纵向普通钢筋的截面面积；

$\quad\quad a'_s$——受压区纵向普通钢筋合力点至截面受压边缘的距离；

$\quad\quad \sigma_s$——受拉边或受压较小边的纵向普通钢筋的应力；

$\quad\quad h'_f$——T 形、I 形截面受压区的翼缘高度；

$\quad\quad b'_f$——T 形、I 形截面受压区的翼缘计算宽度，按表 2-2 所列情况中的最小值取用；

$\quad\quad f'_y$——普通钢筋抗压强度设计值，按表 1-9 取值；

$\quad\quad \beta_1$——系数，当混凝土强度等级不超过 C50 时，β_1 取为 0.80；当混凝土强度等级为 C80 时，β_1 取为 0.74；其间按线性内插法确定；

$\quad\quad A_{sw}$——沿截面腹部均匀配置的全部纵向普通钢筋截面面积；

$\quad\quad f_{yw}$——沿截面腹部均匀配置的纵向钢筋强度设计值，按表 1-9 取值；

$\quad\quad N_{sw}$——沿截面腹部均匀配置的纵向钢筋所承担的轴向压力，ξ 大于 β_1 时，取 β_1 为进行计算；

$\quad\quad M_{sw}$——沿截面腹部均匀配置的纵向钢筋的内力对 A_s 重心的力矩，ξ 大于 β_1 时，取为 β_1 进行计算；

$\quad\quad \omega$——均匀配置纵向钢筋区段的高度 h_{sw} 与截面有效高度 h_0 的比值（h_{sw}/h_0），宜取 h_{sw} 为（$h_0 - a'_s$）；

$\quad\quad h_{sw}$——均匀配置纵向钢筋区段的高度。

2.1.10　钢筋混凝土双向偏心受压构件正截面受压承载力计算

对截面具有两个互相垂直的对称轴的钢筋混凝土双向偏心受压构件（如图 2-9 所示），其正截面受压承载力可选用下列两种方法之一进行计算：

（1）按《混凝土结构设计规范》（GB 50010—2010）附录 E 的方法计算，此时，

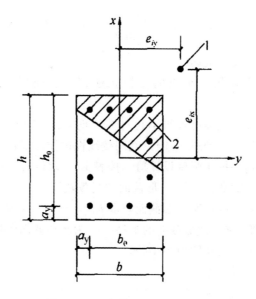

图 2-9　双向偏心受压构件截面
1——轴向压力作用点；2——受压区

附录 E 公式（E.0.1-7）和公式（E.0.1-8）中的 M_x、M_y 应分别用 Ne_{ix}、Ne_{iy} 代替，其中，初始偏心距应按下列公式计算：

$$e_{ix} = e_{0x} + e_{ax}$$

$$e_{iy} = e_{0y} + e_{ay}$$

式中　e_{0x}、e_{0y}——轴向压力对通过截面重心的 y 轴、x 轴的偏心距，即 M_{0x}/N、M_{0y}/N；

M_{0x}、M_{0y}——轴向压力在 x 轴、y 轴方向的弯矩设计值为按相关规定确定的弯矩设计值；

e_{ax}、e_{ay}——x 轴、y 轴方向上的附加偏心距，其值应取 20mm 和偏心方向截面最大尺寸的 1/30 两者中的较大值。

（2）按下列近似公式计算：

$$N \leqslant \cfrac{1}{\cfrac{1}{N_{ux}} + \cfrac{1}{N_{uy}} - \cfrac{1}{N_{u0}}}$$

式中　N_{u0}——构件的截面轴心受压承载力设计值；

N_{ux}——轴向压力作用于 x 轴并考虑相应的计算偏心距 e_{ix} 后，按全部纵向普通钢筋计算的构件偏心受压承载力设计值；

N_{uy}——轴向压力作用于 y 轴并考虑相应的计算偏心距 e_{iy} 后，按全部纵向普通钢筋计算的构件偏心受压承载力设计值。

2.1.11　矩形、T 形和 I 形截面偏心受压构件斜截面受剪承载力计算

矩形、T 形和 I 形截面的钢筋混凝土偏心受压构件，其斜截面受剪承载力应符合下列规定：

$$V \leqslant \frac{1.75}{\lambda + 1} f_t b h_0 + f_{yv} \frac{A_{sv}}{s} h_0 + 0.07 N$$

$$V \leqslant \frac{1.75}{\lambda + 1} f_t b h_0 + 0.07 N$$

式中　λ——偏心受压构件计算截面的剪跨比，取为 $M/(V h_0)$；对框架结构中的框架柱，其反弯点在层高范围内时，可取为 $H_n/(2 h_0)$；当 λ 小于 1 时，取 1；当 λ 大于 3 时，取 3；此处，M 为计算截面上与剪力设计值 V 相应的弯矩设计值，H_n 为柱净高；其他偏心受压构件，当承受均布荷载时，取 1.5；当承受符合《混凝土结构设计规范》（GB 50010—2010）第 6.3.4 条所述的集中荷载时，取为 a/h_0，且当 λ 小于 1.5 时取 1.5，当 λ 大于 3 时取 3；

f_t——混凝土轴心抗拉强度设计值，按表 1-2 取值；

b——矩形截面的宽度，T 形截面或 I 形截面的腹板宽度；

h_0——截面的有效高度；

f_{yv}——箍筋的抗拉强度设计值；

A_{sv}——配置在同一截面内箍筋各肢的全部截面面积，即 $n A_{sv1}$，此处，n 为在同一个截面内箍筋的肢数，A_{sv1} 为单肢箍筋的截面面积；

s——沿构件长度方向的箍筋间距；

N——与剪力设计值 V 相应的轴向压力设计值，大于 $0.3 f_c A$ 时，取 $0.3 f_c A$，此处，A 为构件的截面面积。

2.1.12　钢筋混凝土剪力墙在偏心受压时的斜截面受剪承载力计算

钢筋混凝土剪力墙在偏心受压时的斜截面受剪承载力应符合下列规定：

$$V \leqslant \frac{1}{\lambda - 0.5} \left(0.5 f_t b h_0 + 0.13 N \frac{A_w}{A} \right) + f_{yv} \frac{A_{sh}}{s_v} h_0$$

式中　N——与剪力设计值 V 相应的轴向压力设计值，当 N 大于 $0.2 f_c b h$ 时，取 $0.2 f_c b h$；

f_t——混凝土轴心抗拉强度设计值，按表 1-2 取值；

b——矩形截面的宽度，T 形截面或 I 形截面的腹板宽度；

h_0——截面的有效高度；

f_{yv}——箍筋的抗拉强度设计值；

A——剪力墙的截面面积；

A_w——T 形、I 形截面剪力墙腹板的截面面积，对矩形截面剪力墙，取为 A；

A_{sh}——配置在同一水平截面内的水平分布钢筋的全部截面面积；

s_v——水平分布钢筋的竖向间距；

λ——计算截面的剪跨比，取为 $M/(Vh_0)$；λ 小于 1.5 时，取 1.5；当 λ 大于 2.2 时，取 2.2；此处，M 为与剪力设计值 V 相应的弯矩设计值；当计算截面与墙底之间的距离小于 $h_0/2$ 时，可按距墙底 $h_0/2$ 处的弯矩值与剪力值计算。

2.1.13　轴心受拉构件正截面受拉承载力计算

轴心受拉构件的正截面受拉承载力应符合下列规定：

$$N \leqslant f_y A_s + f_{py} A_p$$

式中　N——轴向拉力设计值；

f_y、f_{py}——普通钢筋、预应力筋抗拉强度设计值，按表 1-9、表 1-10 取值；

A_s、A_p——纵向普通钢筋、预应力筋的全部截面面积。

2.1.14　矩形截面偏心受拉构件正截面受拉承载力计算

矩形截面偏心受拉构件的正截面受拉承载力应符合下列规定：

（1）小偏心受拉构件。

当轴向拉力作用在钢筋 A_s 与 A_p 的合力点和 A_s' 与 A_p' 的合力点之间时（如图 2-10（a）所示）：

$$Ne \leqslant f_y A_s'(h_0 - a_s') + f_{py} A_p'(h_0 - a_p')$$

$$Ne' \leqslant f_y A_s(h_0' - a_s) + f_{py} A_p(h_0' - a_p)$$

式中　N——轴向拉力设计值；

e——轴向拉力作用点至纵向受拉普通钢筋和受拉预应力筋的合力点的距离；

e'——轴向拉力作用点至受拉区纵向钢筋和预应力钢筋的合力点的距离；

f_y、f_{py}——普通钢筋、预应力筋抗拉强度设计值，按表 1-9、表 1-10 取值；

A_s'、A_p'——受压区纵向普通钢筋、预应力筋的截面面积；

A_s、A_p——受拉区纵向普通钢筋、预应力筋的全部截面面积；

h_0——截面有效高度，对环形截面，取 $h_0 = r_2 + r_s$；对圆形截面，取 $h_0 = r + r_s$；此处，r 为圆形截面的半径；r_2 为环形截面的外半径；r_s 为纵向普通钢筋重心所在圆周的半径；

h_0'——纵向受压钢筋合力点至截面远边的距离；

a_s、a_p——受拉区纵向普通钢筋、预应力筋至受拉边缘的距离；

a_s'、a_p'——受压区纵向普通钢筋合力点、预应力筋合力点至截面受压边缘的距离。

（2）大偏心受拉构件。

当轴向拉力不作用在钢筋 A_s 与 A_p 的合力点和 A_s' 与 A_p' 的合力点之间时（如图 2-10（b）所示）：

$$N \leqslant f_y A_s + f_{py} A_p - f_y' A_s' + (\sigma_{p0}' - f_{py}') A_p' - \alpha_1 f_c b x$$

$$Ne \leq \alpha_1 f_c bx \left(h_0 - \frac{x}{2}\right) + f_y' A_s' (h_0 - a_s') - (\sigma_{p0}' - f_{py}') A_p' (h_0 - a_p')$$

式中　N——轴向拉力设计值；

　　　　e——轴向拉力作用点至纵向受拉普通钢筋和受拉预应力筋的合力点的距离；

　　f_y、f_{py}——普通钢筋、预应力筋抗拉强度设计值，按表 1-9、表 1-10 取值；

　　f_y'、f_{py}'——普通钢筋、预应力筋抗压强度设计值，按表 1-9、表 1-10 取值；

　　A_s'、A_p'——受压区纵向普通钢筋、预应力筋的截面面积；

　　A_s、A_p——受拉区纵向普通钢筋、预应力筋的全部截面面积；

　　　σ_{p0}'——受压区纵向预应力筋合力点处混凝土法向应力等于零时的预应力筋应力；

　　　　x——等效矩形应力图形的混凝土受压区高度；

　　　α_1——系数，混凝土强度等级不超过 C50 时，α_1 取为 1.0；混凝土强度等级为 C80 时，α_1 取为 0.94；其间按线性内插法确定；

　　　　f_c——混凝土轴心抗压强度设计值，按表 1-2 取值；

　　　　b——矩形截面的宽度或倒 T 形截面的腹板宽度；

　　　h_0——截面有效高度，对环形截面，取 $h_0 = r_2 + r_s$；对圆形截面，取 $h_0 = r + r_s$；此处，r 为圆形截面的半径，r_2 为环形截面的外半径，r_s 为纵向普通钢筋重心所在圆周的半径；

　　a_s'、a_p'——受压区纵向普通钢筋合力点、预应力筋合力点至截面受压边缘的距离。

2.1.15 矩形截面双向偏心受拉构件正截面受拉承载力计算

对称配筋的矩形截面钢筋混凝土双向偏心受拉构件，其正截面受拉承载力应符合下列规定：

$$N \leq \frac{1}{\dfrac{1}{N_{u0}} + \dfrac{e_0}{M_u}}$$

$$\frac{e_0}{M_u} = \sqrt{\left(\frac{e_{0x}}{M_{ux}}\right)^2 + \left(\frac{e_{0y}}{M_{uy}}\right)^2}$$

式中　N_{u0}——构件的轴心受拉承载力设计值；

　　　　e_0——轴向拉力作用点至截面重心的距离；

　　　M_u——按通过轴向拉力作用点的弯矩平面计算的正截面受弯承载力设计值；

　　e_{0x}、e_{0y}——轴向拉力对截面重心 y 轴、x 轴的偏心距；

　　M_{ux}、M_{uy}——x 轴、y 轴方向的正截面受弯承载力设计值。

2.1.16 矩形、T 形和 I 形截面偏心受拉构件斜截面受剪承载力计算

矩形、T 形和 I 形截面的钢筋混凝土偏心受拉构件，其斜截面受剪承载力 V，应符合下列规定：

$$V \leq \frac{1.75}{\lambda + 1} f_t bh_0 + f_{yv} \frac{A_{sv}}{s} h_0 - 0.2N$$

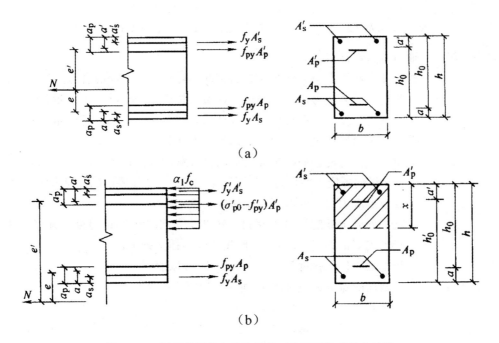

图 2-10　矩形截面偏心受拉构件正截面受拉承载力计算

(a) 小偏心受拉构件；(b) 大偏心受拉构件

式中　λ——计算截面的剪跨比，取为 $M/(Vh_0)$；

　　　　f_t——混凝土轴心抗拉强度设计值，按表 1-2 取值；

　　　　b——矩形截面的宽度，T 形截面或 I 形截面的腹板宽度；

　　　　h_0——截面的有效高度；

　　　　A_{sv}——配置在同一截面内箍筋各肢的全部截面面积，即 nA_{sv1}，此处，n 为在同一个截面内箍筋的肢数，A_{sv1} 为单肢箍筋的截面面积；

　　　　s——沿构件长度方向的箍筋间距；

　　　　f_{yv}——箍筋的抗拉强度设计值；

　　　　N——与剪力设计值 V 相应的轴向拉力设计值。

上式右边的计算值小于 $f_{yv}\dfrac{A_{sv}}{s}h_0$ 时，应取等于 $f_{yv}\dfrac{A_{sv}}{s}h_0$，且 $f_{yv}\dfrac{A_{sv}}{s}h_0$ 值不应小于 $0.36f_t bh_0$。

2.1.17　钢筋混凝土剪力墙在偏心受拉时的斜截面受剪承载力计算

钢筋混凝土剪力墙在偏心受拉时的斜截面受剪承载力 V，应符合下列规定：

$$V \leqslant \frac{1}{\lambda - 0.5}\left(0.5f_t bh_0 - 0.13N\frac{A_w}{A}\right) + f_{yv}\frac{A_{sh}}{s_v}h_0$$

（上式右边的计算值小于 $f_{yv}\dfrac{A_{sh}}{s_v}h_0$ 时，取等于 $f_{yv}\dfrac{A_{sh}}{s_v}h_0$）

式中　N——与剪力设计值 V 相应的轴向拉力设计值；

　　　f_t——混凝土轴心抗拉强度设计值，按表 1-2 取值；

　　　b——矩形截面的宽度，T形截面或 I 形截面的腹板宽度；

　　　h_0——截面的有效高度；

　　　f_{yv}——箍筋的抗拉强度设计值；

　　　A——剪力墙的截面面积；

　　　A_w——T形、I 形截面剪力墙腹板的截面面积，对矩形截面剪力墙，取为 A；

　　　A_{sh}——配置在同一水平截面内的水平分布钢筋的全部截面面积；

　　　s_v——水平分布钢筋的竖向间距；

　　　λ——计算截面的剪跨比，取为 $M/(Vh_0)$；λ 小于 1.5 时，取 1.5，λ 大于 2.2 时，取 2.2；此处，M 为与剪力设计值 V 相应的弯矩设计值；计算截面与墙底之间的距离小于 $h_0/2$ 时，λ 可按距墙底 $h_0/2$ 处的弯矩值与剪力值计算。

2.1.18　矩形截面纯扭构件受扭承载力计算

矩形截面纯扭构件的受扭承载力应符合下列规定：

$$T \leqslant 0.35 f_t W_t + 1.2 \sqrt{\zeta} f_{yv} \frac{A_{st1} A_{cor}}{s}$$

$$\zeta = \frac{f_y A_{stl} s}{f_{yv} A_{st1} u_{cor}}$$

$$W_t = \frac{b^2}{3}(3h - b)$$

偏心距 e_{p0} 不大于 $h/6$ 的预应力混凝土纯扭构件，计算的 ζ 值不小于 1.7 时，取 1.7，并可在第一个公式的右边增加预加力影响项 $0.05 \frac{N_{p0}}{A_0} W_t$，此处，$N_{p0}$ 大于 $0.3 f_c A_0$ 时，取 $0.3 f_c A_0$，此处，A_0 为构件的换算截面面积。

式中　ζ——受扭的纵向钢筋与箍筋的配筋强度比值，ζ 值不应小于 0.6，当 ζ 大于 1.7 时，取 1.7；

　　　f_t——混凝土轴心抗拉强度设计值，按表 1-2 取值；

　　　f_y——普通钢筋抗拉强度设计值，按表 1-9 取值；

　　　W_t——受扭构件的截面受扭塑性抵抗矩；

　　b、h——矩形截面的短边尺寸、长边尺寸；

　　　A_{stl}——受扭计算中取对称布置的全部纵向普通钢筋截面面积；

　　　A_{st1}——受扭计算中沿截面周边配置的箍筋单肢截面面积；

　　　f_{yv}——受扭箍筋的抗拉强度设计值；

　　　A_{cor}——截面核心部分的面积，取为 $b_{cor} h_{cor}$，此处，b_{cor}、h_{cor} 分别为箍筋内表面范围内截面核心部分的短边、长边尺寸；

s——沿构件长度方向的箍筋间距；

u_{cor}——截面核心部分的周长，取 $2(b_{cor}+h_{cor})$。

注：ζ 小于 1.7 或 e_{p0} 大于 $h/6$ 时，不应考虑预加力影响项，而应按钢筋混凝土纯扭构件计算。

2.1.19 T形和I形截面纯扭构件受扭承载力计算

T形和I形截面纯扭构件，可将其截面划分为几个矩形截面，分别按 2.1.16 节进行受扭承载力计算。每个矩形截面的扭矩设计值可按下列规定计算：

（1）腹板：

$$T_w = \frac{W_{tw}}{W_t}T$$

$$W_t = W_{tw}+W'_{tf}+W_{tf}$$

$$W_{tw} = \frac{b^2}{6}(3h-b)$$

$$W'_{tf} = \frac{h'^2_f}{2}(b'_f-b)$$

$$W_{tf} = \frac{h^2_f}{2}(b_f-b)$$

式中　　　　T_w——腹板所承受的扭矩设计值；

W_{tw}、W'_{tf}、W_{tf}——腹板、受压翼缘及受拉翼缘部分的矩形截面受扭塑性抵抗矩；

W_t——受扭构件的截面受扭塑性抵抗矩；

T——扭矩设计值；

b、h——截面的腹板宽度、截面高度；

h'_f、h_f——截面受压区、受拉区的翼缘高度；

b'_f、b_f——截面受压区、受拉区的翼缘宽度。

（2）受压翼缘：

$$T'_f = \frac{W'_{tf}}{W_t}T$$

$$W_t = W_{tw}+W'_{tf}+W_{tf}$$

$$W_{tw} = \frac{b^2}{6}(3h-b)$$

$$W'_{tf} = \frac{h'^2_f}{2}(b'_f-b)$$

$$W_{tf} = \frac{h^2_f}{2}(b_f-b)$$

式中　　　　T'_f——受压翼缘所承受的扭矩设计值；

W_{tw}、W'_{tf}、W_{tf}——腹板、受压翼缘及受拉翼缘部分的矩形截面受扭塑性抵抗矩；

W_t——受扭构件的截面受扭塑性抵抗矩；

$$T_{\mathrm{f}} = \frac{W_{\mathrm{tf}}}{W_{\mathrm{t}}} T$$

$$W_{\mathrm{t}} = W_{\mathrm{tw}} + W'_{\mathrm{tf}} + W_{\mathrm{tf}}$$

$$W_{\mathrm{tw}} = \frac{b^2}{6}(3h - b)$$

$$W'_{\mathrm{tf}} = \frac{h_{\mathrm{f}}^{'2}}{2}(b'_{\mathrm{f}} - b)$$

$$W_{\mathrm{tf}} = \frac{h_{\mathrm{f}}^2}{2}(b_{\mathrm{f}} - b)$$

式中　　　　T_{f}——受拉翼缘所承受的扭矩设计值；

W_{tw}、W'_{tf}、W_{tf}——腹板、受压翼缘及受拉翼缘部分的矩形截面受扭塑性抵抗矩；

W_{t}——受扭构件的截面受扭塑性抵抗矩；

T——扭矩设计值；

b、h——截面的腹板宽度、截面高度；

h'_{f}、h_{f}——截面受压区、受拉区的翼缘高度；

b'_{f}、b_{f}——截面受压区、受拉区的翼缘宽度。

计算时取用的翼缘宽度尚应符合 b'_{f} 不大于 $b + 6h'_{\mathrm{f}}$ 及 b_{f} 不大于 $b + 6h_{\mathrm{f}}$ 的规定。

2.1.20　箱形截面纯扭构件受扭承载力计算

箱形截面钢筋混凝土纯扭构件的受扭承载力应符合下列规定：

$$T \leqslant 0.35\alpha_{\mathrm{h}} f_{\mathrm{t}} W_{\mathrm{t}} + 1.2\sqrt{\zeta} f_{\mathrm{yv}} \frac{A_{\mathrm{st1}} A_{\mathrm{cor}}}{s}$$

$$\alpha_{\mathrm{h}} = \frac{2.5 t_{\mathrm{w}}}{b_{\mathrm{h}}}$$

$$W_{\mathrm{t}} = \frac{b_{\mathrm{h}}^2}{6}(3h_{\mathrm{h}} - b_{\mathrm{h}}) - \frac{(b_{\mathrm{h}} - 2t_{\mathrm{w}})^2}{6}[3h_{\mathrm{w}} - (b_{\mathrm{h}} - 2t_{\mathrm{w}})]$$

式中　α_{h}——箱形截面壁厚影响系数，α_{h} 大于 1.0 时，取 1.0；

ζ——受扭的纵向钢筋与箍筋的配筋强度比值，ζ 值不应小于 0.6；ζ 大于
1.7 时，取 1.7；

f_{t}——混凝土轴心抗拉强度设计值，按表 1-2 取值；

W_{t}——受扭构件的截面受扭塑性抵抗矩；

b_{h}、h_{h}——箱形截面的短边尺寸、长边尺寸；

h_{w}——截面的腹板高度，对矩形截面，取有效高度 h_0；对 T 形截面，取有效

高度减去翼缘高度；对 I 形和箱形截面，取腹板净高；

t_w——箱形截面壁厚，其值不应小于 $b_h/7$，此处，b_h 为箱形截面的宽度；

A_{st1}——受扭计算中沿截面周边配置的箍筋单肢截面面积；

f_{yv}——受扭箍筋的抗拉强度设计值；

A_{cor}——截面核心部分的面积，取为 $b_{cor}h_{cor}$，此处，b_{cor}、h_{cor} 为箍筋内表面范围内截面核心部分的短边、长边尺寸；

s——沿构件长度方向的箍筋间距。

2.1.21 压扭构件承载力计算

在轴向压力和扭矩共同作用下的矩形截面钢筋混凝土构件，其受扭承载力 T 应符合下列规定：

$$T \leqslant \left(0.35f_t + 0.07\frac{N}{A}\right)W_t + 1.2\sqrt{\zeta}f_{yv}\frac{A_{st1}A_{cor}}{s}$$

$$W_t = \frac{b^2}{3}(3h - b)$$

式中　N——与扭矩设计值 T 相应的轴向压力设计值，N 大于 $0.3f_cA$ 时，取 $0.3f_cA$；

A——构件截面面积；

ζ——受扭的纵向钢筋与箍筋的配筋强度比值，ζ 值不应小于 0.6；ζ 大于 1.7 时，取 1.7；

f_t——混凝土轴心抗拉强度设计值，按表 1-2 取值；

W_t——受扭构件的截面受扭塑性抵抗矩；

A_{st1}——受扭计算中沿截面周边配置的箍筋单肢截面面积；

f_{yv}——受扭箍筋的抗拉强度设计值；

A_{cor}——截面核心部分的面积，取为 $b_{cor}h_{cor}$，此处，b_{cor}、h_{cor} 为箍筋内表面范围内截面核心部分的短边、长边尺寸；

b、h——矩形截面的短边尺寸、长边尺寸；

s——沿构件长度方向的箍筋间距。

2.1.22 拉扭构件承载力计算

在轴向拉力和扭矩共同作用下的矩形截面钢筋混凝土构件，其受扭承载力 T 应符合下列规定：

$$T \leqslant \left(0.35f_t - 0.2\frac{N}{A}\right)W_t + 1.2\sqrt{\zeta}f_{yv}\frac{A_{st1}A_{cor}}{s}$$

$$W_t = \frac{b^2}{3}(3h - b)$$

$$\zeta = \frac{f_y A_{st1} s}{f_{yv} A_{st1} u_{cor}}$$

式中 N——与扭矩设计值相应的轴向拉力设计值，N 大于 $1.75f_t A$ 时，取 $1.75f_t A$；

A——构件截面面积；

ζ——受扭的纵向钢筋与箍筋的配筋强度比值，ζ 值不应小于 0.6；ζ 大于 1.7 时，取 1.7；

f_t——混凝土轴心抗拉强度设计值，按表 1-2 取值；

W_t——受扭构件的截面受扭塑性抵抗矩；

b、h——矩形截面的短边尺寸、长边尺寸；

f_{yv}——受扭箍筋的抗拉强度设计值；

f_y——普通钢筋抗拉强度设计值，按表 1-9 取值；

A_{stl}——受扭计算中取对称布置的全部纵向普通钢筋截面面积；

A_{st1}——受扭计算中沿截面周边配置的箍筋单肢截面面积；

A_{cor}——截面核心部分的面积，取为 $b_{cor}h_{cor}$，此处，b_{cor}、h_{cor} 为箍筋内表面范围内截面核心部分的短边、长边尺寸；

u_{cor}——截面核心部分的周长，取 $2(b_{cor}+h_{cor})$；

s——沿构件长度方向的箍筋间距。

2.1.23 矩形截面剪扭构件受剪扭承载力计算

在剪力和扭矩共同作用下的矩形截面剪扭构件，其受剪扭承载力验算应符合下列规定：

（1）一般剪扭构件。

① 受剪承载力：

$$V \leqslant (1.5 - \beta_t)(0.7 f_t b h_0 + 0.05 N_{p0}) + f_{yv}\frac{A_{sv}}{S}h_0$$

$$\beta_t = \frac{1.5}{1 + 0.5\dfrac{VW_t}{Tbh_0}}$$

$$W_t = \frac{b^2}{3}(3h - b)$$

式中 V——剪力设计值；

T——扭矩设计值；

A_{sv}——受剪承载力所需的箍筋截面面积；

β_t——一般剪扭构件混凝土受扭承载力降低系数，当 β_t 小于 0.5 时，取 0.5；当 β_t 大于 1.0 时，取 1.0。

f_t——混凝土轴心抗拉强度设计值，按表 1-2 取值；

b、h——矩形截面的短边尺寸、长边尺寸；

h_0——截面的有效高度；

f_{yv}——受扭箍筋的抗拉强度设计值；

N_{p0}——计算截面上混凝土法向预应力等于零时的预加力，N_{p0} 大于 $0.3f_cA_0$ 时，取 $0.3f_cA_0$，此处，A_0 为构件的换算截面面积；

W_t——受扭构件的截面受扭塑性抵抗矩；

s——沿构件长度方向的箍筋间距。

②受扭承载力：

$$T \leqslant \beta_t \left(0.35f_t + 0.05 \frac{N_{p0}}{A_n} \right) W_t + 1.2\sqrt{\zeta} f_{yv} \frac{A_{st1} A_{cor}}{s}$$

$$\beta_t = \frac{1.5}{1 + 0.5 \dfrac{VW_t}{Tbh_0}}$$

$$W_t = \frac{b^2}{3} (3h - b)$$

$$\zeta = \frac{f_y A_{stl} s}{f_{yv} A_{st1} u_{cor}}$$

式中　V——剪力设计值；

T——扭矩设计值；

β_t——一般剪扭构件混凝土受扭承载力降低系数，β_t 小于 0.5 时，取 0.5；β_t 大于 1.0 时，取 1.0；

f_t——混凝土轴心抗拉强度设计值，按表 1-2 取值；

N_{p0}——计算截面上混凝土法向预应力等于零时的预加力，当 N_{p0} 大于 $0.3f_cA_0$ 时，取 $0.3f_cA_0$，此处，A_0 为构件的换算截面面积；

W_t——受扭构件的截面受扭塑性抵抗矩；

ζ——受扭的纵向钢筋与箍筋的配筋强度比值，ζ 值不应小于 0.6；ζ 大于 1.7 时，取 1.7；

b、h——矩形截面的短边尺寸、长边尺寸；

h_0——截面的有效高度；

f_{yv}——受扭箍筋的抗拉强度设计值；

f_y——普通钢筋抗拉强度设计值，按表 1-9 取值；

A_{stl}——受扭计算中取对称布置的全部纵向普通钢筋截面面积；

A_{st1}——受扭计算中沿截面周边配置的箍筋单肢截面面积；

A_{cor}——截面核心部分的面积，取为 $b_{cor}h_{cor}$，此处，b_{cor}、h_{cor} 为箍筋内表面范围内截面核心部分的短边、长边尺寸；

u_{cor}——截面核心部分的周长，取 $2(b_{cor} + h_{cor})$；

s——沿构件长度方向的箍筋间距。

（2）集中荷载作用下的独立剪扭构件。

①受剪承载力：

$$V \leqslant (1.5 - \beta_t) \left(\frac{1.75}{\lambda + 1} f_t b h_0 + 0.05 N_{p0} \right) + f_{yv} \frac{A_{sv}}{s} h_0$$

$$\beta_t = \frac{1.5}{1 + 0.2(\lambda + 1) \dfrac{VW_t}{Tbh_0}}$$

$$W_t = \frac{b^2}{3}(3h - b)$$

式中　V——剪力设计值；

T——扭矩设计值；

A_{sv}——受剪承载力所需的箍筋截面面积；

f_t——混凝土轴心抗拉强度设计值，按表 1-2 取值；

b、h——矩形截面的短边尺寸、长边尺寸；

h_0——截面的有效高度；

f_{yv}——受扭箍筋的抗拉强度设计值；

N_{p0}——计算截面上混凝土法向预应力等于零时的预加力，N_{p0} 大于 $0.3f_c A_0$ 时，取 $0.3f_c A_0$，此处，A_0 为构件的换算截面面积；

W_t——受扭构件的截面受扭塑性抵抗矩；

s——沿构件长度方向的箍筋间距；

λ——计算截面的剪跨比，取为 $M/(Vh_0)$；λ 小于 1.5 时，取 1.5；λ 大于 2.2 时，取 2.2；此处，M 为与剪力设计值 V 相应的弯矩设计值；计算截面与墙底之间的距离小于 $h_0/2$ 时，λ 可按距墙底 $h_0/2$ 处的弯矩值与剪力值计算；

β_t——集中荷载作用下剪扭构件混凝土受扭承载力降低系数：β_t 小于 0.5 时，取 0.5；β_t 大于 1.0 时，取 1.0。

②受扭承载力：

$$T \leqslant \beta_t \left(0.35 f_t + 0.05 \frac{N_{p0}}{A_0} \right) W_t + 1.2 \sqrt{\zeta} f_{yv} \frac{A_{st1} A_{cor}}{s}$$

$$\beta_t = \frac{1.5}{1 + 0.2(\lambda + 1) \dfrac{VW_t}{Tbh_0}}$$

$$W_t = \frac{b^2}{3}(3h - b)$$

$$\zeta = \frac{f_y A_{stl} s}{f_{vv} A_{st1} u_{cor}}$$

式中　V——剪力设计值；

T——扭矩设计值；

β_t——一般剪扭构件混凝土受扭承载力降低系数，β_t 小于 0.5 时，取 0.5；β_t

大于 1.0 时，取 1.0；

f_t——混凝土轴心抗拉强度设计值，按表 1-2 取值；

N_{p0}——计算截面上混凝土法向预应力等于零时的预加力，N_{p0} 大于 $0.3f_cA_0$ 时，取 $0.3f_cA_0$，此处，A_0 为构件的换算截面面积；

W_t——受扭构件的截面受扭塑性抵抗矩；

ζ——受扭的纵向钢筋与箍筋的配筋强度比值，ζ 值不应小于 0.6，当 ζ 大于 1.7 时，取 1.7；

b、h——矩形截面的短边尺寸、长边尺寸；

h_0——截面的有效高度；

f_{yv}——受扭箍筋的抗拉强度设计值；

f_y——普通钢筋抗拉强度设计值，按表 1-9 取值；

A_{stl}——受扭计算中取对称布置的全部纵向普通钢筋截面面积；

λ——计算截面的剪跨比，取为 $M/(Vh_0)$；λ 小于 1.5 时，取 1.5；λ 大于 2.2 时，取 2.2；此处，M 为与剪力设计值 V 相应的弯矩设计值；计算 截面与墙底之间的距离小于 $h_0/2$ 时，λ 可按距墙底 $h_0/2$ 处的弯矩值与 剪力值计算；

A_{st1}——受扭计算中沿截面周边配置的箍筋单肢截面面积；

A_{cor}——截面核心部分的面积，取为 $b_{cor}h_{cor}$，此处，b_{cor}、h_{cor} 为箍筋内表面范围 内截面核心部分的短边、长边尺寸；

u_{cor}——截面核心部分的周长，取 $2(b_{cor}+h_{cor})$；

s——沿构件长度方向的箍筋间距。

2.1.24 箱形截面剪扭构件受剪扭承载力计算

箱形截面钢筋混凝土剪扭构件的受剪扭承载力可按下列规定验算：

（1）一般剪扭构件。

①受剪承载力：

$$V \leqslant 0.7(1.5-\beta_t)f_tbh_0 + f_{yv}\frac{A_{sv}}{s}h_0$$

$$\beta_t = \frac{1.5}{1+0.5\dfrac{V\alpha_hW_t}{Tbh_0}}$$

$$\alpha_h = \frac{2.5t_w}{b_h}$$

$$W_t = \frac{b^2}{3}(3h-b)$$

式中　V——剪力设计值；

　　　T——扭矩设计值；

A_{sv}——受剪承载力所需的箍筋截面面积；

β_t——一般剪扭构件混凝土受扭承载力降低系数，β_t 小于 0.5 时，取 0.5；当 β_t 大于 1.0 时，取 1.0；

f_t——混凝土轴心抗拉强度设计值，按表 1-2 取值；

b、h——矩形截面的短边尺寸、长边尺寸；

h_0——截面的有效高度；

f_{yv}——受扭箍筋的抗拉强度设计值；

α_h——箱形截面壁厚影响系数，α_h 大于 1.0 时，取 1.0；

t_w——箱形截面壁厚，其值不应小于 $b_h/7$，此处，b_h 为箱形截面的宽度；

W_t——受扭构件的截面受扭塑性抵抗矩；

s——沿构件长度方向的箍筋间距。

②受扭承载力：

$$T \leqslant 0.35\alpha_h\beta_t f_t W_t + 1.2\sqrt{\xi}f_{yv}\frac{A_{st1}A_{cor}}{s}$$

$$\beta_t = \frac{1.5}{1+0.5\dfrac{V\alpha_h W_t}{Tbh_0}}$$

$$\alpha_h = \frac{2.5t_w}{b_h}$$

$$W_t = \frac{b^2}{3}(3h-b)$$

$$\zeta = \frac{f_y A_{st1} s}{f_{yv} A_{st1} u_{cor}}$$

式中　V——剪力设计值；

T——扭矩设计值；

β_t——一般剪扭构件混凝土受扭承载力降低系数，β_t 小于 0.5 时，取 0.5；β_t 大于 1.0 时，取 1.0；

f_t——混凝土轴心抗拉强度设计值，按表 1-2 取值；

α_h——箱形截面壁厚影响系数，大于 1.0 时，取 1.0；

t_w——箱形截面壁厚，其值不应小于 $b_h/7$，此处，b_h 为箱形截面的宽度；

W_t——受扭构件的截面受扭塑性抵抗矩；

ζ——受扭的纵向钢筋与箍筋的配筋强度比值，ζ 值不应小于 0.6；ζ 大于 1.7 时，取 1.7；

b、h——分别为矩形截面的短边尺寸、长边尺寸；

h_0——截面的有效高度；

f_{yv}——受扭箍筋的抗拉强度设计值；

f_y——普通钢筋抗拉强度设计值，按表 1-9 取值；

A_{stl}——受扭计算中取对称布置的全部纵向普通钢筋截面面积；

A_{st1}——受扭计算中沿截面周边配置的箍筋单肢截面面积；

A_{cor}——截面核心部分的面积，取为 $b_{cor}h_{cor}$，此处，b_{cor}、h_{cor} 为箍筋内表面范围内截面核心部分的短边、长边尺寸；

u_{cor}——截面核心部分的周长，取 $2(b_{cor}+h_{cor})$；

s——沿构件长度方向的箍筋间距。

（2）集中荷载作用下的独立剪扭构件。

①受剪承载力：

$$V \leqslant (1.5-\beta_t)\frac{1.75}{\lambda+1}f_t bh_0 + f_{yv}\frac{A_{sv}}{s}h_0$$

$$\beta_t = \frac{1.5}{1+0.2(\lambda+1)\dfrac{V\alpha_h W_t}{Tbh_0}}$$

$$\alpha_h = \frac{2.5t_w}{b_h}$$

$$W_t = \frac{b^2}{3}(3h-b)$$

式中　V——剪力设计值；

T——扭矩设计值；

A_{sv}——受剪承载力所需的箍筋截面面积；

f_t——混凝土轴心抗拉强度设计值，按表 1-2 取值；

b、h——矩形截面的短边尺寸、长边尺寸；

h_0——截面的有效高度；

f_{yv}——受扭箍筋的抗拉强度设计值；

α_h——箱形截面壁厚影响系数，α_h 大于 1.0 时，取 1.0；

t_w——箱形截面壁厚，其值不应小于 $b_h/7$，此处，b_h 为箱形截面的宽度；

W_t——受扭构件的截面受扭塑性抵抗矩；

s——沿构件长度方向的箍筋间距；

λ——计算截面的剪跨比，取为 $M/(Vh_0)$；λ 小于 1.5 时，取 1.5；λ 大于 2.2 时，取 2.2；此处，M 为与剪力设计值 V 相应的弯矩设计值；当计算截面与墙底之间的距离小于 $h_0/2$ 时，λ 可按距墙底 $h_0/2$ 处的弯矩值与剪力值计算；

β_t——集中荷载作用下剪扭构件混凝土受扭承载力降低系数，β_t 小于 0.5 时，取 0.5；β_t 大于 1.0 时，取 1.0。

②受扭承载力：

$$T \leqslant 0.35\alpha_h\beta_t f_t W_t + 1.2\sqrt{\xi}f_{yv}\frac{A_{st1}A_{cor}}{s}$$

$$\beta_t = \frac{1.5}{1+0.2(\lambda+1)\frac{VW_1}{Tbh_0}}$$

$$W_t = \frac{b^2}{3}(3h-b)$$

$$\alpha_h = \frac{2.5t_w}{b_h}$$

$$\zeta = \frac{f_y A_{stl} s}{f_{yv} A_{st1} u_{cor}}$$

式中 V——剪力设计值；

T——扭矩设计值；

β_t——一般剪扭构件混凝土受扭承载力降低系数，β_t 小于 0.5 时，取 0.5；β_t 大于 1.0 时，取 1.0；

f_t——混凝土轴心抗拉强度设计值，按表 1-2 取值；

α_h——箱形截面壁厚影响系数，当 α_h 大于 1.0 时，取 1.0；

t_w——箱形截面壁厚，其值不应小于 $b_h/7$，此处，b_h 为箱形截面的宽度；

W_t——受扭构件的截面受扭塑性抵抗矩；

ζ——受扭的纵向钢筋与箍筋的配筋强度比值，ζ 值不应小于 0.6；ζ 大于 1.7 时，取 1.7；

b、h——矩形截面的短边尺寸、长边尺寸；

h_0——截面的有效高度；

f_{yv}——受扭箍筋的抗拉强度设计值；

f_y——普通钢筋抗拉强度设计值，按表 1-9 取值；

A_{stl}——受扭计算中取对称布置的全部纵向普通钢筋截面面积；

λ——计算截面的剪跨比，取为 $M/(Vh_0)$；小于 1.5 时，取 1.5；大于 2.2 时，取 2.2；此处 M 为与剪力设计值 V 相应的弯矩设计值；计算截面与墙底之间的距离小于 $h_0/2$ 时，可按距墙底 $h_0/2$ 处的弯矩值与剪力值计算；

A_{st1}——受扭计算中沿截面周边配置的箍筋单肢截面面积；

A_{cor}——截面核心部分的面积，取为 $b_{cor} h_{cor}$，此处，b_{cor}、h_{cor} 为箍筋内表面范围内截面核心部分的短边、长边尺寸；

u_{cor}——截面核心部分的周长，取 $2(b_{cor}+h_{cor})$；

s——沿构件长度方向的箍筋间距。

2.1.25 弯剪扭构件承载力计算

（1）在弯矩、剪力和扭矩共同作用下，h_w/b 不大于 6 的矩形、T 形、I 形截面和 h_w/t_w 不大于 6 的箱形截面构件（如图 2-11 所示），其截面应符合下列条件：

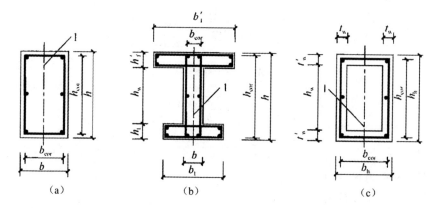

图 2-11　受扭构件截面

(a) 矩形截面；(b) T形、I形截面；(c) 箱形截面（$t_w \leqslant t'_w$）

1——弯矩、剪力作用平面

当 h_w/b（或 h_w/t_w）$\leqslant 4$ 时　$\dfrac{V}{bh_0} + \dfrac{T}{0.8W_t} \leqslant 0.25\beta_c f_c$

当 h_w/b（或 h_w/t_w）$= 6$ 时　$\dfrac{V}{bh_0} + \dfrac{T}{0.8W_t} \leqslant 0.2\beta_c f_c$

［当 $4 < h_w/b$（或 h_w/t_w）< 6 时，按线性内插法确定］

式中　V——剪力设计值；

$\quad\quad T$——扭矩设计值；

$\quad\quad b$——矩形截面的宽度，T形或I形截面取腹板宽度，箱形截面取两侧壁总厚度 $2t_w$；

$\quad\quad h_0$——截面的有效高度；

$\quad\quad W_t$——受扭构件的截面受扭塑性抵抗矩；

$\quad\quad \beta_c$——混凝土强度影响系数，混凝土强度等级不超过 C50 时，β_c 取 1.0；混凝土强度等级为 C80 时，取 0.8；其间按线性内插法确定；

$\quad\quad f_c$——混凝土轴心抗压强度设计值，按表 1-2 取值；

$\quad\quad h_w$——截面的腹板高度，对矩形截面，取有效高度 h_0；对 T 形截面，取有效高度减去翼缘高度；对 I 形和箱形截面，取腹板净高；

$\quad\quad t_w$——箱形截面壁厚，其值不应小于 $b_h/7$，此处，b_h 为箱形截面的宽度。

注：当 h_w/b 大于 6 或 h_w/t_w 大于 6 时，受扭构件的截面尺寸要求及扭曲截面承载力计算应符合专门规定。

（2）在弯矩、剪力和扭矩共同作用下的构件，当符合下列要求时，可不进行构件受剪扭承载力计算，但应按构造要求配置纵向钢筋和箍筋。

$$\frac{V}{bh_0} + \frac{T}{W_t} \leqslant 0.7f_t + 0.05\frac{N_{p0}}{bh_0}$$

或

$$\frac{V}{bh_0} + \frac{T}{W_t} \leqslant 0.7f_t + 0.07\frac{N}{bh_0}$$

式中　N_{p0}——计算截面上混凝土法向预应力等于零时的预加力，N_{p0} 大于 $0.3f_cA_0$
时，取 $0.3f_cA_0$，此处，A_0 为构件的换算截面面积；

　　N——与剪力、扭矩设计值 V、T 相应的轴向压力设计值，N 大于 $0.3f_cA_0$
时，取 $0.3f_cA_0$，此处，A 为构件的截面面积；

　　b——矩形截面的宽度，T 形或 I 形截面取腹板宽度，箱形截面取两侧壁总
厚度 $2t_w$；

　　h_0——截面的有效高度；

　　W_t——受扭构件的截面受扭塑性抵抗矩；

　　f_t——混凝土轴心抗拉强度设计值，按表 1-2 取值。

2.1.26　压弯剪扭构件承载力计算

在轴向压力、弯矩、剪力和扭矩共同作用下的钢筋混凝土矩形截面框架柱，其
受剪扭承载力可按下列规定验算。

（1）受剪承载力：

$$V \leqslant (1.5 - \beta_t)\left(\frac{1.75}{\lambda+1}f_tbh_0 + 0.07N\right) + f_{yv}\frac{A_{sv}}{s}h_0$$

式中　λ——计算截面的剪跨比，取为 $M/(Vh_0)$；

　　β_t——剪扭构件混凝土受扭承载力降低系数，β_t 小于 0.5 时，取 0.5；当 β_t 大
于 1.0 时，取 1.0；

　　f_t——混凝土轴心抗拉强度设计值，按表 1-2 取值；

　　b——矩形截面的宽度，T 形截面或 I 形截面的腹板宽度；

　　h_0——截面的有效高度；

　　N——与剪力、扭矩设计值 V、T 相应的轴向压力设计值，N 大于 $0.3f_cA_0$
时，取 $0.3f_cA_0$，此处，A 为构件的截面面积；

　　f_{yv}——受扭箍筋的抗拉强度设计值；

　　A_{sv}——受剪承载力所需的箍筋截面面积；

　　s——沿构件长度方向的箍筋间距。

（2）受扭承载力：

$$T \leqslant \beta_t\left(0.35f_t + 0.07\frac{N}{A}\right)W_t + 1.2\sqrt{\xi}f_{yv}\frac{A_{st1}A_{cor}}{s}$$

式中　λ——剪扭构件混凝土受扭承载力降低系数，β_t 小于 0.5 时，取 0.5；β_t 大于
1.0 时，取 1.0；

　　f_t——混凝土轴心抗拉强度设计值，按表 1-2 取值；

　　ζ——受扭的纵向钢筋与箍筋的配筋强度比值，ζ 值不应小于 0.6，ζ 大于 1.7

时，取 1.7；

N——与剪力、扭矩设计值 V、T 相应的轴向压力设计值，N 大于 $0.3f_cA_0$ 时，取 $0.3f_cA_0$，此处，A 为构件的截面面积；

W_t——受扭构件的截面受扭塑性抵抗矩；

f_{yv}——受扭箍筋的抗拉强度设计值；

A_{st1}——受扭计算中沿截面周边配置的箍筋单肢截面面积；

A_{cor}——截面核心部分的面积，取为 $b_{cor}h_{cor}$，此处，b_{cor}、h_{cor} 为箍筋内表面范围内截面核心部分的短边、长边尺寸；

s——沿构件长度方向的箍筋间距。

2.1.27 拉弯剪扭构件承载力计算

在轴向拉力、弯矩、剪力和扭矩共同作用下的钢筋混凝土矩形截面框架柱，其受剪扭承载力应符合下列规定。

（1）受剪承载力：

$$V \leqslant (1.5 - \beta_t)\left(\frac{1.75}{\lambda + 1}f_t bh_0 - 0.2N\right) + f_{yv}\frac{A_{sv}}{s}h_0$$

公式右边的计算值小于 $f_{yv}\dfrac{A_{sv}}{s}h_0$ 时，取 $f_{yv}\dfrac{A_{sv}}{s}h_0$。

式中　λ——计算截面的剪跨比，取为 $M/(Vh_0)$；

β_t——剪扭构件混凝土受扭承载力降低系数，β_t 小于 0.5 时，取 0.5；β_t 大于 1.0 时，取 1.0；

f_t——混凝土轴心抗拉强度设计值，按表 1-2 取值；

b——矩形截面的宽度，T 形截面或 I 形截面的腹板宽度；

h_0——截面的有效高度；

N——与剪力、扭矩设计值 V、T 相应的轴向拉力设计值；

f_{yv}——受扭箍筋的抗拉强度设计值；

A_{sv}——受剪承载力所需的箍筋截面面积；

s——沿构件长度方向的箍筋间距。

（2）受扭承载力：

$$T \leqslant \beta_t\left(0.35f_t - 0.2\frac{N}{A}\right)W_t + 1.2\sqrt{\xi}f_{yv}\frac{A_{st1}A_{cor}}{s}$$

公式右边的计算值小于 $1.2\sqrt{\xi}f_{yv}\dfrac{A_{st1}A_{cor}}{s}$ 时，取 $1.2\sqrt{\xi}f_{yv}\dfrac{A_{st1}A_{cor}}{s}$。

式中　β_t——剪扭构件混凝土受扭承载力降低系数，β_t 小于 0.5 时，取 0.5；β_t 大于 1.0 时，取 1.0；

f_t——混凝土轴心抗拉强度设计值，按表 1-2 取值；

ζ——受扭的纵向钢筋与箍筋的配筋强度比值，ζ 值不应小于 0.6；ζ 大于

1.7 时，取 1.7；

N——与剪力、扭矩设计值 V、T 相应的轴向拉力设计值；

W_t——受扭构件的截面受扭塑性抵抗矩；

f_{yv}——受扭箍筋的抗拉强度设计值；

A_{st1}——受扭计算中沿截面周边配置的箍筋单肢截面面积；

A_{cor}——截面核心部分的面积，取为 $b_{cor}h_{cor}$，此处，b_{cor}、h_{cor} 为箍筋内表面范围内截面核心部分的短边、长边尺寸；

s——沿构件长度方向的箍筋间距。

2.1.28 不配置箍筋或弯起钢筋的板的受冲切承载力计算

在局部荷载或集中反力作用下，不配置箍筋或弯起钢筋的板的受冲切承载力应符合下列规定（如图 2-12 所示）：

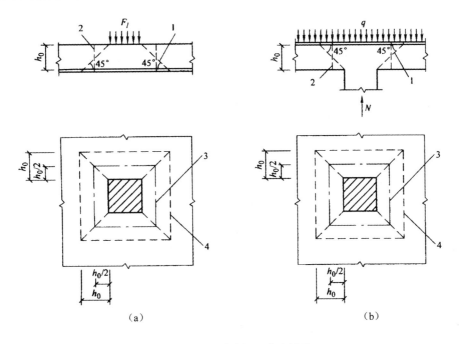

图 2-12 板受冲切承载力计算

（a）局部荷载作用下 （b）集中反力作用下

1——冲切破坏锥体的斜截面；2——计算截面；3——计算截面的周长；4——冲切破坏锥体的底面线

$$F_l \leqslant (0.7\beta_h f_t + 0.25\sigma_{pc,m})\eta u_m h_0$$

式中 β_h——截面高度影响系数，h 不大于 800mm 时，取 β_h 为 1.0；h 不小于 2000mm 时，取 β_h 为 0.9；其间按线性内插法取用；

f_t——混凝土轴心抗拉强度设计值，按表 1-2 取值；

$\sigma_{pc,m}$——计算截面周长上两个方向混凝土有效预压应力按长度的加权平均值，

其值宜控制在 $1.0\sim3.5\text{MPa}$；

u_m——计算截面的周长，取距离局部荷载或集中反力作用面积周边 $h_0/2$ 处板垂直截面的最不利周长；

h_0——截面有效高度，取两个方向配筋的截面有效高度平均值；

$$\eta\text{——系数}\begin{cases}\eta_1=0.4+\dfrac{1.2}{\beta_\text{s}}\\[2mm]\eta_2=0.5+\dfrac{\alpha_\text{s}h_0}{4u_\text{m}}\end{cases}\text{取其中较小值；}$$

η_1——局部荷载或集中反力作用面积形状的影响系数；

η_2——计算截面周长与板截面有效高度之比的影响系数；

β_s——局部荷载或集中反力作用面积为矩形时的长边与短边尺寸的比值，β_s 不宜大于 4；β_s 小于 2 时取 2；对圆形冲切面，β_s 取 2；

α_s——柱位置影响系数，中柱，α_s 取 40；边柱，α_s 取 30；角柱，α_s 取 20；

F_l——局部荷载设计值或集中反力设计值，板柱节点，取柱所承受的轴向压力设计值的层间差值减去柱顶冲切破坏锥体范围内板所承受的荷载设计值；有不平衡弯矩时，应取等效集中反力设计值 $F_{l,\text{eq}}$ 值 $\begin{cases}▲传递单向不平衡变矩的板柱节点\\■传递双向不平衡变矩的板柱节点\\★当考虑不同的荷载组合时\end{cases}$：

▲传递单向不平衡弯矩的板柱节点

不平衡弯矩作用平面与柱矩形截面两个轴线之一相重合时，可按下列两种情况进行计算：

（1）由节点受剪传递的单向不平衡弯矩 $\alpha_0 M_\text{unb}$，当其作用的方向指向图 2-13 的 AB 边时，等效集中反力设计值可按下列公式计算：

$$F_{l,\text{eq}}=F_l+\frac{\alpha_0 M_\text{unb}a_\text{AB}}{I_\text{c}}u_\text{m}h_0$$

$$M_\text{unb}=M_{\text{unb,c}}-F_l e_\text{g}$$

式中　F_l——在竖向荷载、水平荷载作用下，柱所承受的轴向压力设计值的层间差值减去柱顶冲切破坏锥体范围内板所承受的荷载设计值；

M_unb——竖向荷载、水平荷载引起对临界截面周长重心轴（图 2-13 中的轴线 2）处的不平衡弯矩设计值；

$M_{\text{unb,c}}$——竖向荷载、水平荷载引起对柱截面重心轴（图 2-13 中的轴线 1）处的不平衡弯矩设计值；

u_m——计算截面的周长，取距离局部荷载或集中反力作用面积周边 $h_0/2$ 处板垂直截面的最不利周长；

e_g——在弯矩作用平面内柱截面重心轴至临界截面周长重心轴的距离，对中柱截面和弯矩作用平面平行于自由边的边柱截面，$e_g = 0$；对角柱截面和弯矩作用于平面垂直于自由边的边柱截面，$e_g = a_{CD} - \dfrac{h_c}{2}$；

h_0——截面有效高度，取两个方向配筋的截面有效高度平均值；

I_c——按临界截面计算的类似极惯性矩 $\left\{\begin{array}{l}\bullet\text{中柱}\\\bullet\text{边柱}\\\bullet\text{角柱}\end{array}\right\}$；

a_{AB}——临界截面周长重心轴至 AB 边缘的距离 $\left\{\begin{array}{l}\bullet\text{中柱}\\\bullet\text{边柱}\\\bullet\text{角柱}\end{array}\right\}$；

α_0——计算系数 $\left\{\begin{array}{l}\bullet\text{中柱}\\\bullet\text{边柱}\\\bullet\text{角柱}\end{array}\right\}$：

● 中柱处临界截面的类似极惯性矩、几何尺寸及计算系数可按下列公式计算（如图 2-13（a）所示）：

$$I_c = \frac{h_0 a_t^3}{6} + 2h_0 a_m \left(\frac{a_t}{2}\right)^2$$

$$a_{AB} = \frac{a_t}{2}$$

$$\alpha_0 = 1 - \frac{1}{1 + \dfrac{2}{3}\sqrt{\dfrac{h_c + h_0}{b_c + h_0}}}$$

● 边柱处临界截面的类似极惯性矩、几何尺寸及计算系数可按下列公式计算：
① 弯矩作用平面垂直于自由边（如图 2-13（b）所示）

$$I_c = \frac{h_0 a_t^3}{6} + h_0 a_m a_{AB}^2 + 2h_0 a_t \left(\frac{a_t}{2} - a_{AB}\right)^2$$

$$a_{AB} = \frac{a_t^2}{a_m + 2a_t}$$

$$\alpha_0 = 1 - \frac{1}{1 + \dfrac{2}{3}\sqrt{\dfrac{h_c + \dfrac{h_0}{2}}{b_c + h_0}}}$$

② 弯矩作用平面平行于自由边（如图 2-13（c）所示）

$$I_c = \frac{h_0 a_t^3}{12} + 2h_0 a_m \left(\frac{a_t}{2}\right)^2$$

$$a_{AB} = \frac{a_t}{2}$$

$$\alpha_0 = 1 - \frac{1}{1 + \frac{2}{3}\sqrt{\frac{h_c + h_0}{b_c + \frac{h_0}{2}}}}$$

●角柱处临界截面的类似极惯性矩、几何尺寸及计算系数可按下列公式计算（如图 2-13（d）所示）：

$$I_c = \frac{h_0 a_t^3}{12} + h_0 a_m a_{AB}^2 + h_0 a_t \left(\frac{a_t}{2} - a_{AB}\right)^2$$

$$a_{AB} = \frac{a_t^2}{2(a_m + a_t)}$$

$$\alpha_0 = 1 - \frac{1}{1 + \frac{2}{3}\sqrt{\frac{h_c + \frac{h_0}{2}}{b_c + \frac{h_0}{2}}}}$$

（2）由节点受剪传递的单向不平衡弯矩 $\alpha_0 M_{unb}$，其作用的方向指向图 2-13 的 CD 边时，等效集中反力设计值可按下列公式计算：

$$F_{1,eq} = F_1 + \frac{\alpha_0 M_{unb} a_{CD}}{I_c} u_m h_0$$

$$M_{unb} = M_{unb,c} + F_1 e_g$$

式中　F_1——在竖向荷载、水平荷载作用下，柱所承受的轴向压力设计值的层间差值减去柱顶冲切破坏锥体范围内板所承受的荷载设计值；

　　M_{unb}——竖向荷载、水平荷载引起对临界截面周长重心轴（图 2-13 中的轴线 2）处的不平衡弯矩设计值；

　　$M_{unb,c}$——竖向荷载、水平荷载引起对柱截面重心轴（图 2-13 中的轴线 1）处的不平衡弯矩设计值；

　　u_m——计算截面的周长，取距离局部荷载或集中反力作用面积周边 $h_0/2$ 处板垂直截面的最不利周长；

　　e_g——在弯矩作用平面内柱截面重心轴至临界截面周长重心轴的距离，对中柱截面和弯矩作用平面平行于自由边的边柱截面，$e_g = 0$；对角柱截面和弯矩作用于平面垂直于自由边的边柱截面，$e_g = a_{CD} - \frac{h_c}{2}$；

　　h_0——截面有效高度，取两个方向配筋的截面有效高度平均值；

　　I_c——按临界截面计算的类似极惯性矩 $\left\{\begin{array}{l}●中柱\\●边柱\\●角柱\end{array}\right\}$；

　　a_{CD}——临界截面周长重心轴至 CD 边缘的距离 $\left\{\begin{array}{l}●中柱\\●边柱\\●角柱\end{array}\right\}$；

$$\alpha_0 \text{——计算系数} \begin{cases} \bullet\text{中柱} \\ \bullet\text{边柱} \\ \bullet\text{角柱} \end{cases};$$

● 中柱处临界截面的类似极惯性矩、几何尺寸及计算系数可按下列公式计算（如图 2 - 13（a）所示）：

$$I_c = \frac{h_0 a_t^3}{6} + 2h_0 a_m \left(\frac{a_t}{2}\right)^2$$

$$a_{CD} = \frac{a_t}{2}$$

$$\alpha_0 = 1 - \cfrac{1}{1 + \cfrac{2}{3}\sqrt{\cfrac{h_c + h_0}{b_c + h_0}}}$$

● 边柱处临界截面的类似极惯性矩、几何尺寸及计算系数可按下列公式计算：
① 弯矩作用平面垂直于自由边（如图 2 - 13（b）所示）

$$I_c = \frac{h_0 a_t^3}{6} + h_0 a_m a_{AB}^2 + 2h_0 a_t \left(\frac{a_t}{2} - a_{AB}\right)^2$$

$$a_{CD} = a_t - a_{AB}$$

$$\alpha_0 = 1 - \cfrac{1}{1 + \cfrac{2}{3}\sqrt{\cfrac{h_c + \cfrac{h_0}{2}}{b_c + h_0}}}$$

② 弯矩作用平面平行于自由边（如图 2 - 13（c）所示）

$$I_c = \frac{h_0 a_t^3}{12} + 2h_0 a_m \left(\frac{a_t}{2}\right)^2$$

$$a_{CD} = \frac{a_t}{2}$$

$$\alpha_0 = 1 - \cfrac{1}{1 + \cfrac{2}{3}\sqrt{\cfrac{h_c + h_0}{b_c + \cfrac{h_0}{2}}}}$$

● 角柱处临界截面的类似极惯性矩、几何尺寸及计算系数可按下列公式计算（如图 2 - 13（d）所示）：

$$I_c = \frac{h_0 a_t^3}{12} + h_0 a_m a_{AB}^2 + h_0 a_t \left(\frac{a_t}{2} - a_{AB}\right)^2$$

$$a_{CD} = a_t - a_{AB}$$

$$\alpha_0 = 1 - \cfrac{1}{1 + \cfrac{2}{3}\sqrt{\cfrac{h_c + \cfrac{h_0}{2}}{b_c + \cfrac{h_0}{2}}}}$$

■ 传递双向不平衡弯矩的板柱节点

当节点受剪传递到临界截面周长两个方向的不平衡弯矩为 $\alpha_{0x} M_{unb}$、$\alpha_{0y} M_{unb,y}$ 时，等效集中反力设计值可按下列公式计算：

$$F_{l,eq} = F_l + \tau_{unb,max} u_m h_0$$

$$\tau_{unb,max} = \frac{\alpha_{0x} M_{unb,x} a_x}{I_{cx}} + \frac{\alpha_{0y} M_{unb,y} a_y}{I_{cy}}$$

式中 $\tau_{unb,max}$ ——由受剪传递的双向不平衡弯矩临界截面上产生的最大剪应力设计值；

$M_{unb,x}$、$M_{unb,y}$ ——竖向荷载、水平荷载引起对临界截面周长重心处 x 轴、y 轴方向的不平衡弯矩设计值；

a_x、a_y ——最大剪应力 τ_{max} 的作用点至 x 轴、y 轴的距离；

u_m ——计算截面的周长，取距离局部荷载或集中反力作用面积周边 $h_0/2$ 处板垂直截面的最不利周长；

h_0 ——截面有效高度，取两个方向配筋的截面有效高度平均值；

F_l ——在竖向荷载、水平荷载作用下，柱所承受的轴向压力设计值的层间差值减去柱顶冲切破坏锥体范围内板所承受的荷载设计值。

α_{0x}、α_{0y} —— x 轴、y 轴的计算系数 $\left\{\begin{array}{l} \bullet \text{中柱} \\ \bullet \text{边柱} \\ \bullet \text{角柱} \end{array}\right\}$;

I_{cx}、I_{cy} ——对 x 轴、y 轴按临界截面计算的类似极惯性矩 $\left\{\begin{array}{l} \bullet \text{中柱} \\ \bullet \text{边柱} \\ \bullet \text{角柱} \end{array}\right\}$:

● 中柱处临界截面的类似极惯性矩、几何尺寸及计算系数可按下列公式计算（如图 2-13（a）所示）：

$$I_c = \frac{h_0 a_t^3}{6} + 2h_0 a_m \left(\frac{a_t}{2}\right)^2$$

$$\alpha_0 = 1 - \frac{1}{1 + \frac{2}{3}\sqrt{\frac{h_c + h_0}{b_c + h_0}}}$$

● 边柱处临界截面的类似极惯性矩、几何尺寸及计算系数可按下列公式计算：
① 弯矩作用平面垂直于自由边（如图 2-13（b）所示）

$$I_c = \frac{h_0 a_t^3}{6} + h_0 a_m a_{AB}^2 + 2h_0 a_t \left(\frac{a_t}{2} - a_{AB}\right)^2$$

$$\alpha_0 = 1 - \frac{1}{1 + \frac{2}{3}\sqrt{\frac{h_c + \frac{h_0}{2}}{b_c + h_0}}}$$

② 弯矩作用平面平行于自由边（如图 2-13（c）所示）

$$I_c = \frac{h_0 a_t^3}{12} + 2h_0 a_m \left(\frac{a_t}{2}\right)^2$$

$$\alpha_0 = 1 - \cfrac{1}{1 + \cfrac{2}{3}\sqrt{\cfrac{h_c + h_0}{b_c + h_0/2}}}$$

● 角柱处临界截面的类似极惯性矩、几何尺寸及计算系数可按下列公式计算（如图 2 - 13（d）所示）：

$$I_c = \frac{h_0 a_t^3}{12} + h_0 a_m a_{AB}^2 + h_0 a_t \left(\frac{a_t}{2} - a_{AB}\right)^2$$

$$\alpha_0 = 1 - \cfrac{1}{1 + \cfrac{2}{3}\sqrt{\cfrac{h_c + h_0/2}{b_c + h_0/2}}}$$

考虑不同的荷载组合时，应取其中的较大值作为板柱节点受冲切承载力计算用的等效集中反力设计值。

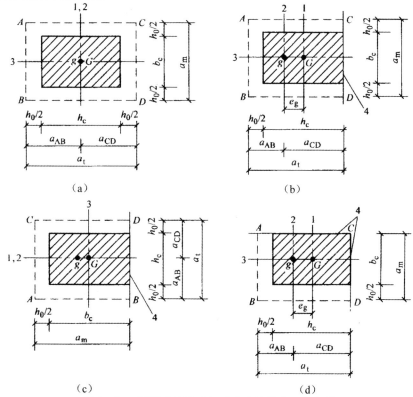

（a）　　　　　　　　　　　（b）

（c）　　　　　　　　　　　（d）

图 2 - 13　矩形柱及受冲切承载力计算的几何参数

（a）中柱截面；（b）边柱截面（弯矩作用平面垂直于自由边）；（c）边柱截面
（弯矩作用平面平行于自由边）；（d）角柱截面

1——柱截面重心 G 的轴线；2——临界截面周长重心 g 的轴线；3——不平衡弯矩作用平面；4——自由边

2.1.29 配置箍筋或弯起钢筋的板的受冲切承载力计算

（1）在局部荷载或集中反力作用下，当受冲切承载力不满足 2.1.27 节的要求且板厚受到限制时，可配置箍筋或弯起钢筋，并应符合 2.1.27 节中（2）的构造规定。此时，受冲切截面及受冲切承载力应符合下列要求。

①受冲切截面：

$$F_l \leqslant 1.2 f_t \eta u_m h_0$$

式中　f_t——混凝土轴心抗拉强度设计值，按表 1-2 取值；

$$\eta\text{——系数}\begin{cases} \eta_1 = 0.4 + \dfrac{1.2}{\beta_s} \\ \eta_2 = 0.5 + \dfrac{\alpha_s h_0}{4u_m} \end{cases}\text{取其中较小值；}$$

u_m——计算截面的周长，取距离局部荷载或集中反力作用面积周边 $h_0/2$ 处板垂直截面的最不利周长；

h_0——截面有效高度，取两个方向配筋的截面有效高度平均值。

② 配置箍筋、弯起钢筋时的受冲切承载力：

$$F_l \leqslant (0.5 f_t + 0.25 \sigma_{pc,m}) \eta u_m h_0 + 0.8 f_{yv} A_{svu} + 0.8 f_y A_{sbu} \sin\alpha$$

式中　f_{yv}——箍筋的抗拉强度设计值；

f_t——混凝土轴心抗拉强度设计值，按表 1-2 取值；

u_m——计算截面的周长，取距离局部荷载或集中反力作用面积周边 $h_0/2$ 处板垂直截面的最不利周长；

h_0——截面有效高度，取两个方向配筋的截面有效高度平均值；

$$\eta\text{——系数}\begin{cases} \eta_1 = 0.4 + \dfrac{1.2}{\beta_s} \\ \eta_2 = 0.5 + \dfrac{\alpha_s h_0}{4u_m} \end{cases}\text{取其中较小值；}$$

$\sigma_{pc,m}$——计算截面周长上两个方向混凝土有效预压应力按长度的加权平均值，其值宜控制在 $1.0 \sim 3.5 \text{N/mm}^2$；

A_{svu}——与呈 45°冲切破坏锥体斜截面相交的全部箍筋截面面积；

A_{sbu}——与呈 45°冲切破坏锥体斜截面相交的全部弯起钢筋截面面积；

f_y——普通钢筋的抗拉强度设计值；

α——弯起钢筋与板底面的夹角。

（2）混凝土板中配置抗冲切箍筋或弯起钢筋时，应符合下列构造要求：

①板的厚度不应小于 200mm；

②按计算所需的箍筋及相应的架立钢筋应配置在与 45°冲切破坏锥面相交的范围内，且从集中荷载作用面或柱截面边缘向外的分布长度不应小于 $1.5h_0$（如图 2-14（a）所示）；箍筋直径不应小于 6mm，且应做成封闭式，间距不应大于

$h_0/3$，且不应大于100mm；

③按计算所需弯起钢筋的弯起角度可根据板的厚度在 $30°\sim45°$ 选取；弯起钢筋的倾斜段应与冲切破坏锥面相交（如图2-14（b）所示），其交点应在集中荷载作用面或柱截面边缘以外 $(1/2\sim2/3)h$ 的范围内。弯起钢筋直径不宜小于12mm，且每一方向不宜少于3根。

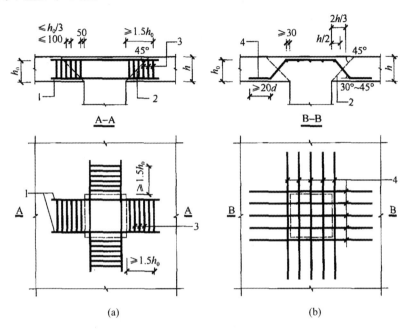

图2-14 板中抗冲切钢筋布置

注：图中尺寸单位mm。

（a）用箍筋作抗冲切钢筋；（b）用弯起钢筋作抗冲切钢筋

1——架立钢筋；2——冲切破坏锥面；3——箍筋；4——弯起钢筋

2.1.30 阶形基础受冲切承载力计算

矩形截面柱的阶形基础，在柱与基础交接处以及基础变阶处的受冲切承载力应符合下列规定（如图2-15所示）：

$$F_l \leqslant 0.7\beta_h f_t b_m h_0$$

$$F_l = p_s A$$

$$b_m = \frac{b_t + b_b}{2}$$

式中　h_0——柱与基础交接处或基础变阶处的截面有效高度，取两个方向配筋的截面有效高度平均值；

　　　f_t——混凝土轴心抗拉强度设计值，按表1-2取值；

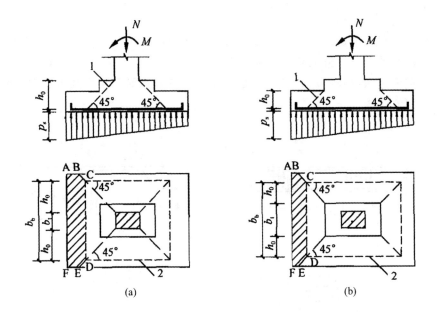

图 2-15　计算阶形基础的受冲切承载力截面位置

(a) 柱与基础交接处；(b) 基础变阶处

1——冲切破坏锥体最不利一侧的斜截面；2——冲切破坏锥体的底面线

β_h——截面高度影响系数，h 不大于 800mm 时，取 β_h 为 1.0；h 不小于 2000mm 时，取 β_h 为 0.9；其间按线性内插法取用；

p_s——按荷载效应基本组合计算并考虑结构重要性系数的基础底面地基反力设计值（可扣除基础自重及其上的土重），基础偏心受力时，可取用最大的地基反力设计值；

A——考虑冲切荷载时取用的多边形面积（图 2-15 中的阴影面积 ABCDEF）；

b_t——冲切破坏锥体最不利一侧斜截面的上边长，当计算柱与基础交接处的受冲切承载力时，取柱宽；计算基础变阶处的受冲切承载力时，取上阶宽；

b_b——柱与基础交接处或基础变阶处的冲切破坏锥体最不利一侧斜截面的下边长，取 $b_t + 2h_0$。

2.1.31　局部受压的截面尺寸

配置间接钢筋的混凝土结构构件，其局部受压区的截面尺寸应符合下列要求：

$$F_l \leqslant 1.35\beta_c\beta_l f_c A_{ln}$$

$$\beta_l = \sqrt{\frac{A_b}{A_l}}$$

式中　F_l——局部受压面上作用的局部荷载或局部压力设计值；

　　　　f_c——混凝土轴心抗压强度设计值，在后张法预应力混凝土构件的张拉阶段验算中，可根据相应阶段的混凝土立方体抗压强度 f'_{cu} 值按表 1-2 的规定以线性内插法确定；

　　　　β_c——混凝土强度影响系数，混凝土强度等级不超过 C50 时，β_c 取 1.0；混凝土强度等级为 C80 时，β_c 取 0.8；其间按线性内插法确定；

　　　　β_l——混凝土局部受压时的强度提高系数；

　　　　A_l——混凝土局部受压面积；

　　　　A_{ln}——混凝土局部受压净面积，对后张法构件，应在混凝土局部受压面积中扣除孔道、凹槽部分的面积；

　　　　A_b——局部受压的计算底面积，可由局部受压面积与计算底面积按同心、对称的原则确定；常用情况可按图 2-16 取用。

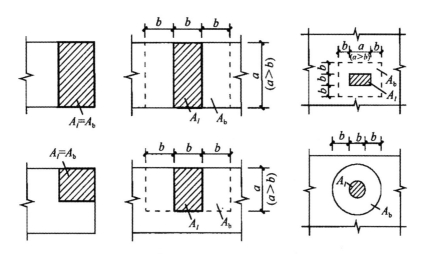

图 2-16　局部受压的计算底面积

A_l——混凝土局部受压面积；A_b——局部受压的计算底面积

2.1.32　局部受压承载力计算

配置方格网式或螺旋式间接钢筋（如图 2-17 所示）的局部受压承载力应符合下列规定：

$$F_l \leqslant 0.9(\beta_c\beta_l f_c + 2\alpha\rho_v\beta_{cor}f_{yv})A_{ln}$$

$$\beta_{cor} = \sqrt{\frac{A_{cor}}{A_l}}$$

式中　β_{cor}——配置间接钢筋的局部受压承载力提高系数，A_{cor} 不大于混凝土局部受压面积 A_l 的 1.25 倍时，β_{cor} 取 1.0；

　　　　β_l——混凝土局部受压时的强度提高系数；

f_c——混凝土轴心抗压强度设计值；在后张法预应力混凝土构件的张拉阶段验算中，可根据相应阶段的混凝土立方体抗压强度 f'_{cu} 值按表 1-2 的规定以线性内插法确定；

α——间接钢筋对混凝土约束的折减系数，混凝土强度等级不超过 C50 时，取 1.0；混凝土强度等级为 C80 时，取 0.85，其间按线性内插法确定；

f_{yv}——间接钢筋的抗拉强度设计值；

A_{ln}——混凝土局部受压净面积，对后张法构件，应在混凝土局部受压面积中扣除孔道、凹槽部分的面积；

A_{cor}——方格网式或螺旋式间接钢筋内表面范围内的混凝土核心面积，其重心应与 A_l 的重心重合，计算中仍按同心、对称的原则取值；

A_l——混凝土局部受压面积；

ρ_v——间接钢筋的体积配筋率 $\left(\begin{array}{l}\text{▲当为方格网式配筋时}\\\text{■当为螺旋式配筋时}\end{array}\right)$：

▲当为方格网式配筋时（如图 2-17a 所示），钢筋网两个方向上单位长度内钢筋截面面积的比值不宜大于 1.5，其体积配筋率 ρ_v 应按下列公式计算：

$$\rho_v = \frac{n_1 A_{s1} l_1 + n_2 A_{s2} l_2}{A_{cor} s}$$

式中　n_1、A_{s1}——方格网沿 l_1 方向的钢筋根数、单根钢筋的截面面积；

$\quad\quad n_2$、A_{s2}——方格网沿 l_2 方向的钢筋根数、单根钢筋的截面面积；

$\quad\quad A_{cor}$——方格网式或螺旋式间接钢筋内表面范围内的混凝土核心面积，其重心应与 A_l 的重心重合，计算中仍按同心、对称的原则取值；

$\quad\quad s$——方格网式或螺旋式间接钢筋的间距，宜取 30～80mm。

■当为螺旋式配筋时（如图 2-17b 所示），其体积配筋率 ρ_v 应按下列公式计算：

$$\rho_v = \frac{4 A_{ss1}}{d_{cor} s}$$

式中　A_{ss1}——单根螺旋式间接钢筋的截面面积；

$\quad\quad d_{cor}$——螺旋式间接钢筋内表面范围内的混凝土截面直径；

$\quad\quad s$——方格网式或螺旋式间接钢筋的间距，宜取 30～80mm。

间接钢筋应配置在图 2-17 所规定的高度 h 范围内，方格网式钢筋不应少于 4 片；螺旋式钢筋不应少于 4 圈。柱接头，h 尚不应小于 15d，d 为柱的纵向钢筋直径。

2.1.33　受弯构件正截面疲劳验算

（1）钢筋混凝土和预应力混凝土受弯构件正截面疲劳应力应符合下列要求。

①受压区边缘纤维的混凝土压应力：

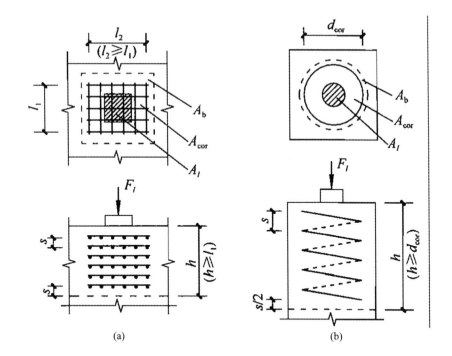

图 2-17 局部受压区的间接钢筋

（a）方格网式配筋；（b）螺旋式配筋

A_l——混凝土局部受压面积；A_b——局部受压的计算底面积；

A_{cor}——方格网式或螺旋式间接钢筋内表面范围内的混凝土核心面积

$$\sigma_{cc,max}^f \leqslant f_c^f$$

$$\sigma_{cc,max}^f = \frac{M_{max}^f x_0}{I_0^f}$$

式中　$\sigma_{cc,max}^f$——疲劳验算时，截面受压区边缘纤维的混凝土压应力；

　　　　f_c^f——混凝土轴心抗压疲劳强度设计值；

　　　　M_{max}^f——疲劳验算时，同一截面上在相应荷载组合下产生的最大弯矩值；

　　　　x_0——疲劳验算时，相应于弯矩 M_{max}^f 与 M_{min}^f 为相同方向时的换算截面受压区高度；

　　　　I_0^f——疲劳验算时，相应于弯矩 M_{max}^f 与 M_{min}^f 为相同方向时的换算截面惯性矩；

②预应力混凝土构件受拉区边缘纤维的混凝土拉应力：

$$\sigma_{ct,max}^f \leqslant f_t^f$$

$$\sigma_{c,min}^f \text{ 或 } \sigma_{c,max}^f = \sigma_{pc} + \frac{M_{min}^t}{I_0} y_0$$

$$\sigma_{c,\max}^f \text{ 或 } \sigma_{c,\min}^f = \sigma_{pc} + \frac{M_{\max}^f}{I_0} y_0$$

式中 $\sigma_{ct,\max}^f$ ——疲劳验算时，预应力混凝土截面受拉区边缘纤维的混凝土拉应力；

       f_t^f ——混凝土轴心抗拉疲劳强度设计值；

$\sigma_{c,\min}^f$、$\sigma_{c,\max}^f$ ——疲劳验算时，受拉区或受压区边缘纤维混凝土的最小、最大应力，最小、最大应力以其绝对值进行判别；

$M_{\max}^f$、$M_{\min}^f$ ——疲劳验算时，同一截面上在相应荷载组合下产生的最大、最小弯矩值；

       I_0 ——换算截面的惯性矩；

       y_0 ——受拉区边缘或受压区边缘至换算截面重心的距离；

      σ_{pc} ——扣除全部预应力损失后，由预加力在受拉区或受压区边缘纤维处产生的混凝土法向应力 $\left\{ \begin{matrix} \blacktriangle \text{先张法构件} \\ \blacksquare \text{后张法构件} \end{matrix} \right\}$:

    $\blacktriangle$ 先张法构件

$$\sigma_{pc} = \frac{N_{p0}}{A_0} \pm \frac{N_{p0} e_{p0}}{I_0} y_0$$

$$N_{p0} = \sigma_{p0} A_p + \sigma_{p0}' A_p' - \sigma_{l5} A_s - \sigma_{l5}' A_s'$$

$$e_{p0} = \frac{\sigma_{p0} A_p y_p - \sigma_{p0}' A_p' y_p' - \sigma_{l5} A_s y_s + \sigma_{l5}' A_s' y_s'}{\sigma_{P0} A_P + \sigma_{P0}' A_P' - \sigma_{l5} A_s - \sigma_{l5}' A_s'}$$

$$\sigma_{l5} = \frac{60 + 340 \dfrac{\sigma_{pc}}{f_{cu}'}}{1 + 15\rho}$$

$$\sigma_{l5}' = \frac{60 + 340 \dfrac{\sigma_{pc}'}{f_{cu}'}}{1 + 15\rho'}$$

式中 σ_{pc}、σ_{pc}' ——受拉区、受压区预应力筋合力点处的混凝土法向应力；

      f_{cu}' ——施加预应力时的混凝土立方体抗压强度；

    ρ、ρ' ——受拉、受压区预应力筋和普通钢筋的配筋率，对先张法构件，$\rho = (A_p + A_s)/A_0$、$\rho' = (A_p' + A_s')/A_0$；对后张法构件，$\rho = (A_p + A_s)/A_n$、$\rho' = (A_p' + A_s')/A_n$；对于对称配置预应力筋和普通钢筋的构件，配筋率 ρ、ρ' 应按钢筋总截面面积的一半计算；

      A_0 ——换算截面面积，包括净截面面积以及全部纵向预应力筋截面面积换算成混凝土的截面面积；

      A_n ——净截面面积，即扣除孔道、凹槽等削弱部分以外的混凝土全部截面面积及纵向非弱应力筋截面面积换算成混凝土的截面面积之和；对由不同混凝土强度等级组成的截面，应根据混凝土弹性模量比值换算成同一混凝土强度等级的截面面积；

      I_0 ——换算截面惯性矩；

e_{p0}——换算截面重心至预加力作用点的距离；

y_0——换算截面重心至所计算纤维处的距离；

σ_{con}——预应力筋的张拉控制应力；

σ_l——相应阶段的预应力损失值；

N_{p0}——先张法构件的预加力；

σ_{p0}、σ'_{p0}——受拉区、受压区预应力筋合力点处混凝土法向应力等于零时的预应力筋应力；

A_p、A'_p——受拉区、受压区纵向预应力筋的截面面积；

A_s、A'_s——受拉区、受压区纵向普通钢筋的截面面积；

y_p、y'_p——受拉区、受压区预应力合力点至换算截面重心的距离；

y_s、y'_s——受拉区、受压区普通钢筋重心至换算截面重心的距离；

σ_{l5}、σ'_{l5}——受拉区、受压区预应力筋在各自合力点处混凝土收缩和徐变引起的预应力损失值。

■ 后张法构件

$$\sigma_{pc} = \frac{N_p}{A_n} \pm \frac{N_p e_{pn}}{I_n} y_n + \sigma_{p2}$$

$$N_p = \sigma_{pe} A_p + \sigma'_{pe} A'_p - \sigma_{l5} A_s - \sigma'_{l5} A'_s$$

$$e_{pn} = \frac{\sigma_{pe} A_y y_{pn} - \sigma'_{pe} A'_p y'_{pm} - \sigma_{l5} A_s y_{sn} + \sigma'_{l5} A'_s y'_{sn}}{\sigma_{pe} A_p + \sigma'_{pe} A'_p - \sigma_{l5} A_s - \sigma'_{l5} A'_s}$$

$$\sigma_{pe} = \sigma_{com} - \sigma_l$$

$$\sigma_{l5} = \frac{55 + 300 \dfrac{\sigma_{pc}}{f'_{cu}}}{1 + 15\rho}$$

$$\sigma'_{l5} = \frac{55 + 300 \dfrac{\sigma'_{pc}}{f'_{cu}}}{1 + 15\rho'}$$

式中 σ_{pc}、σ'_{pc}——受拉区、受压区预应力筋合力点处的混凝土法向应力；

f'_{cu}——施加预应力时的混凝土立方体抗压强度；

ρ、ρ'——受拉、受压区预应力筋和普通钢筋的配筋率，对先张法构件，$\rho = (A_p + A_s)/A_0$、ρ' $(A'_p + A'_s)/A_0$；对后张法构件，$\rho = (A_p + A_s)/A_n$、$\rho' (A'_p + A'_s)/A_n$；对于对称配置预应力筋和普通钢筋的构件，配筋率 ρ、ρ' 应按钢筋总截面面积的一半计算；

A_n——净截面面积，即扣除孔道、凹槽等削弱部分以外的混凝土全部截面面积及纵向非预应力筋截面面积换算成混凝土的截面面积之和；对由不同混凝土强度等级组成的截面，应根据混凝土弹性模量比值换算成同一混凝土强度等级的截面面积；

A_0——换算截面面积，包括净截面面积以及全部纵向预应力筋截面面积换算成混凝土的截面面积；

I_n——换算净截面惯性矩；

e_{pn}——换算净截面重心至预加力作用点的距离；

y_n——换算净截面重心至所计算纤维处的距离；

σ_{con}——预应力筋的张拉控制应力；

σ_l——相应阶段的预应力损失值；

N_p——后张法构件的预加力；

σ_{pe}、σ_{pe}'——受拉区、受压区预应力筋的有效预应力；

A_p、A_p'——受拉区、受压区纵向预应力筋的截面面积；

A_s、A_s'——受拉区、受压区纵向普通钢筋的截面面积；

σ_{l5}、σ_{l5}'——受拉区、受压区预应力筋在各自合力点处混凝土收缩和徐变引起的预应力损失值；

y_{pn}、y_{pn}'——受拉区、受压区预应力筋合力点至净截面重心的距离；

y_{sn}、y_{sn}'——受拉区、受压区普通钢筋重心至净截面重心的距离。

③受拉区纵向普通钢筋的应力幅：

$$\Delta\sigma_{si}^f \leqslant \Delta f_y^f$$

$$\Delta\sigma_{si}^f = \sigma_{si,max}^f - \sigma_{si,min}^f$$

$$\sigma_{si,min}^f = \alpha_E^f \frac{M_{min}^f (h_{0i} - x_0)}{I_0^f}$$

$$\sigma_{si,max}^f = \alpha_E^f \frac{M_{max}^f (h_{0i} - x_0)}{I_0^f}$$

式中　　$\Delta\sigma_{si}^f$——疲劳验算时，截面受拉区第 i 层纵向钢筋的应力幅；

Δf_y^f——钢筋的疲劳应力幅限值，按表 1-13 取值；

$\sigma_{si,min}^f$、$\sigma_{si,max}^f$——由弯矩 M_{min}^f、M_{max}^f 引起相应截面受拉区第 i 层纵向钢筋的应力；

α_E^f——钢筋的弹性模量与混凝土疲劳变形模量的比值；

M_{max}^f、M_{min}^f——疲劳验算时，同一截面上在相应荷载组合下产生的最大、最小弯矩值；

h_{0i}——相应于弯矩 M_{min}^f 与 M_{max}^f 为相同方向时的截面受压区边缘至受拉区第 i 层纵向钢筋截面重心的距离；

x_0——疲劳验算时，相应于弯矩 M_{max}^f 与 M_{min}^f 为相同方向时的换算截面受压区高度；

I_0^f——疲劳验算时，相应于弯矩 M_{max}^f 与 M_{min}^f 为相同方向时的换算截面惯性矩。

④受拉区纵向预应力筋的应力幅：

$$\Delta\sigma_p^f \leqslant \Delta f_{py}^f$$

$$\Delta\sigma_p^f = \sigma_{p,max}^f - \sigma_{p,min}^f$$

$$\sigma_{p,min}^f = \sigma_{pe} + \alpha_{pE} \frac{M_{min}^f}{I_0} y_{0p}$$

$$\sigma_{p,max}^f = \sigma_{pe} + \alpha_{pE} \frac{M_{max}^f}{I_0} y_{0p}$$

式中　　$\Delta\sigma_p^f$——疲劳验算时，截面受拉区最外层预应力筋的应力幅；

Δf_{py}^f——预应力筋的疲劳应力幅限值，按表 1-14 取值；

M_{max}^f、M_{min}^f——疲劳验算时，同一截面上在相应荷载组合下产生的最大、最小弯矩值；

I_0^f——疲劳验算时，相应于弯矩 M_{max}^f 与 M_{min}^f 为相同方向时的换算截面惯性矩；

x_0——疲劳验算时，相应于弯矩 M_{max}^f 与 M_{min}^f 为相同方向时的换算截面受压区高度；

h_{0i}——相应于弯矩 M_{max}^f 与 M_{min}^f 为相同方向时的截面受压区边缘至受拉区第 i 层纵向钢筋截面重心的距离；

α_{pE}——预应力钢筋弹性模量与混凝土弹性模量的比值：$\alpha_{pE} = E_s/E_c$；

I_0——换算截面的惯性矩；

$\sigma_{p,min}^f$、$\sigma_{p,max}^f$——疲劳验算时，所计算的受拉区一层预应力钢筋的最小、最大应力；

σ_{pe}——扣除全部预应力损失后所计算的受拉区最外层预应力钢筋的有效预应力；

y_{0p}——受拉区最外层预应力筋截面重心至换算截面重心的距离。

（2）钢筋混凝土受弯构件疲劳验算时，换算截面的受压区高度 x_0、x_0' 和惯性矩 I_0^f、I_0^f 应按下列公式计算。

① 矩形及翼缘位于受拉区的 T 形截面：

$$\frac{bx_0^2}{2} + \alpha_E^f A_s'(x_0 - a_s') - \alpha_E^f A_s(h_0 - x_0) = 0$$

$$I_0^f = \frac{bx_0^3}{3} + \alpha_E^f A_s'(x_0 - a_s')^2 + \alpha_E^f A_s(h_0 - x_0)^2$$

式中　　b——矩形截面的宽度，T 形截面或 I 形截面的腹板宽度；

x_0——疲劳验算时，相应于弯矩 M_{max}^f 与 M_{min}^f 为相同方向时的换算截面受压区高度；

α_E^f——钢筋的弹性模量与混凝土疲劳变形模量的比值；

A_s、A_s'——受拉区、受压区纵向普通钢筋的截面面积；

a_s'——受压区纵向普通钢筋合力点至截面受压边缘的距离；

h_0——截面有效高度。

② I 形及翼缘位于受压区的 T 形截面：

a. x_0 大于 h_f' 时（如图 2-18 所示）

$$\frac{b_f' x_0^2}{2} - \frac{(b_f' - b)(x_0 - h_f')^2}{2} + \alpha_E^f A_s'(x_0 - a_s') - \alpha_E^f A_s(h_0 - x_0) = 0$$

$$I_0^f = \frac{b_f' x_0^3}{3} - \frac{(b_f' - b)(x_0 - h_f')^3}{3} + \alpha_E^f A_s'(x_0 - a_s')^2 + \alpha_E^f A_s(h_0 - x_0)^2$$

式中　b——矩形截面的宽度，T形截面或I形截面的腹板宽度；

　　　b_f'——T形、I形截面受压区的翼缘计算宽度，按表 2 - 2 所列情况中的最小值取用；

　　　h_f'——T形、I形截面受压区的翼缘高度；

　　　x_0——疲劳验算时相应于弯矩 M_{max}^f 与 M_{min}^f 为相同方向时的换算截面受压区高度；

　　　α_E^f——钢筋的弹性模量与混凝土疲劳变形模量的比值；

A_s、A_s'——受拉区、受压区纵向普通钢筋的截面面积；

　　　a_s'——受压区纵向普通钢筋合力点至截面受压边缘的距离；

　　　h_0——截面有效高度。

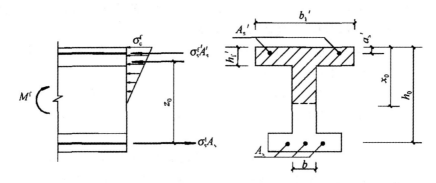

图 2 - 18　钢筋混凝土受弯构件正截面疲劳应力计算

b. x_0 不大于 h_f' 时，按宽度为 b_f' 的矩形截面计算。

③x_0'、I_0^f 的计算，仍可采用上述 x_0、I_0^f 的相应公式；弯矩 M_{min}^f 与 M_{max}^f 的方向相反时，与 x_0'、x_0 相应的受压区位置分别在该截面的下侧和上侧；弯矩 M_{min}^f 与 M_{max}^f 的方向相同时，可取 $x_0' = x_0$、$I_0^f = I_0^f$。

2.1.34　受弯构件斜截面疲劳验算

（1）钢筋混凝土受弯构件斜截面的疲劳验算及剪力的分配应符合下列规定。

① 截面中和轴处的剪应力符合下列条件时，该区段的剪力全部由混凝土承受，此时，箍筋可按构造要求配置：

$$\tau^f \leqslant 0.6 f_t^f$$

$$\tau^f = \frac{V_{max}^f}{b z_0}$$

式中　τ^f——截面中和轴处的剪应力；

　　　V_{max}^f——疲劳验算时，在相应荷载组合下构件验算截面的最大剪力值；

　　　b——矩形截面宽度，T形、I形截面的腹板宽度；

z_0——受压区合力点至受拉钢筋合力点的距离；

f_t^f——混凝土轴心抗拉疲劳强度设计值。

②截面中和轴处的剪应力不符合上式的区段，其剪力应由箍筋和混凝土共同承受。此时，箍筋的应力幅 $\Delta\sigma_{sv}^f$ 应符合下列规定：

$$\Delta\sigma_{sv}^f \leqslant \Delta f_{yv}^f$$

$$\Delta\sigma_{sv}^f = \frac{(\Delta V_{max}^f - 0.1\eta f_t^f b h_0)s}{A_{sv} z_0}$$

$$\Delta V_{max}^f = V_{max}^f - V_{min}^f$$

$$\eta = \Delta V_{max}^f / V_{max}^f$$

式中　$\Delta\sigma_{sv}^f$——箍筋的应力幅；

ΔV_{max}^f——疲劳验算时，构件验算截面的最大剪力幅值；

V_{max}^f、V_{min}^f——疲劳验算时，在相应荷载组合下构件验算截面的最大、最小剪力值；

η——最大剪力幅相对值；

f_t^f——混凝土轴心抗拉疲劳强度设计值；

b——矩形截面的宽度，T 形截面或 I 形截面的腹板宽度；

h_0——截面有效高度；

s——箍筋的间距；

A_{sv}——配置在同一截面内箍筋各肢的全部截面面积；

z_0——受压区合力点至受拉钢筋合力点的距离；

Δf_{yv}^f——箍筋的疲劳应力幅限值，按表 1-13 采用。

（2）预应力混凝土受弯构件斜截面混凝土的主拉应力应符合下列规定：

$$\sigma_{tp}^f \leqslant f_t^f$$

式中　σ_{tp}^f——预应力混凝土受弯构件斜截面疲劳验算纤维处的混凝土主拉应力，对吊车荷载，应计入动力系数；

f_t^f——混凝土轴心抗拉疲劳强度设计值。

2.2　数据速查

2.2.1　普通钢筋的相对界限受压区高度 ξ_b

表 2-1　　　　　　　　　普通钢筋的相对界限受压区高度 ξ_b

钢筋品种	f_y/(MPa)	混凝土强度等级						
		$\leqslant$C50	C55	C60	C65	C70	C75	C80
HPB300	270	0.614	0.604	0.594	0.584	0.575	0.565	0.555
HRB335	300	0.550	0.540	0.531	0.522	0.512	0.503	0.493
HRB400 和 RRB400	360	0.518	0.508	0.499	0.490	0.481	0.472	0.462

2.2.2 受弯构件受压区有效翼缘计算宽度 b_f'

表 2-2　　　　　　　受弯构件受压区有效翼缘计算宽度 b_f'

	情　　况	T形、I形截面		倒 L 形截面
		肋形梁（板）	独立梁	肋形梁（板）
1	按计算跨度 l_0 考虑	$l_0/3$	$l_0/3$	$l_0/6$
2	按梁（肋）净距 s_n 考虑	$b+s_n$	—	$b+s_n/2$
3	按翼缘高度 h_f' 考虑	$b+12h_f'$	b	$b+5h_f'$

注 1. 表中 b 为梁的腹板厚度。

2. 肋形梁在梁跨内设有间距小于纵肋间距的横肋时，可不考虑表中情况 3 的规定。

3. 加腋的 T 形、I 形和倒 L 形截面，当受压区加腋的高度 h_h 不小于 h_f' 且加腋的长度 b_h 不大于 $3h_h$ 时，其翼缘计算宽度可按表中情况 3 的规定分别增加 $2b_h$（T 形、I 形截面）和 b_h（倒 L 形截面）。

4. 独立梁受压区的翼缘板在荷载作用下经验算沿纵肋方向可能产生裂缝时，其计算宽度应取腹板宽度 b。

2.2.3 钢筋混凝土轴心受压构件的稳定系数

表 2-3　　　　　　钢筋混凝土轴心受压构件的稳定系数

l_0/b	≤8	10	12	14	16	18	20	22	24	26	28
l_0/d	≤7	8.5	10.5	12	14	15.5	17	19	21	22.5	24
l_0/i	≤28	35	42	48	55	62	69	76	83	90	97
φ	1.00	0.98	0.95	0.92	0.87	0.81	0.75	0.70	0.65	0.60	0.56
l_0/b	30	32	34	36	38	40	42	44	46	48	50
l_0/d	26	28	29.5	31	33	34.5	36.5	38	40	41.5	43
l_0/i	104	111	118	125	132	139	146	153	160	167	174
φ	0.52	0.48	0.44	0.40	0.36	0.32	0.29	0.26	0.23	0.21	0.19

注 1. l_0 为构件的计算长度，见表 2-7、表 2-8。

2. b 为矩形截面的短边尺寸；d 为圆形截面的直径；i 为截面的最小回转半径。

2.2.4 刚性屋盖单层房屋排架柱、露天吊车柱和栈桥柱的计算长度

表 2-4　　　　刚性屋盖单层房屋排架柱、露天吊车柱和栈桥柱的计算长度

柱 的 类 别		l_0		
		排架方向	垂直排架方向	
			有柱间支撑	无柱间支撑
无吊车房屋柱	单跨	$1.5H$	$1.0H$	$1.2H$
	两跨及多跨	$1.25H$	$1.0H$	$1.2H$
有吊车房屋柱	上柱	$2.0H_u$	$1.25H_u$	$1.5H_u$
	下柱	$1.0H_l$	$0.8H_l$	$1.0H_l$
露天吊车柱和栈桥柱		$2.0H_l$	$1.0H_l$	—

注 1. 表中 H 为从基础顶面算起的柱子全高；H_l 为从基础顶面至装配式吊车梁底面或现浇式吊车梁顶面的柱子下部高度；H_u 为从装配式吊车梁底面或从现浇式吊车梁顶面算起的柱子上部高度。

2. 表中有吊车房屋排架柱的计算长度，计算中不考虑吊车荷载时，可按无吊车房屋柱的计算长度采用，但上柱的计算长度仍可按有吊车房屋采用。

3. 表中有吊车房屋排架柱的上柱在排架方向的计算长度，仅适用于 H_u/H_l 不小于 0.3 的情况；H_u/H_l 小于 0.3 时，计算长度宜采用 $2.5H_u$。

2.2.5 框架结构各层柱的计算长度

表 2－5 框架结构各层柱的计算长度

楼盖类型	柱的类别	l_0
现浇楼盖	底层柱	$1.0H$
	其余各层柱	$1.25H$
装配式楼盖	底层柱	$1.25H$
	其余各层柱	$1.5H$

注　表中 H 为底层柱从基础顶面到一层楼盖顶面的高度；对其余各层柱为上下两层楼盖顶面之间的高度。

2.2.6 梁中箍筋的最大间距

表 2－6 梁中箍筋的最大间距 （单位：mm）

梁高 h	$V>0.7f_tbh_0+0.05N_{p0}$	$V\leqslant0.7f_tbh_0+0.05N_{p0}$
$150<h\leqslant300$	150	200
$300<h\leqslant500$	200	300
$500<h\leqslant800$	250	350
$h>800$	300	400

2.2.7 非排架结构柱弯矩增大系数 η_{ns} 的计算系数

表 2.7 非排架结构柱弯矩增大系数 η_{ns} 的计算系数

$\dfrac{M_2/N+e_a}{h_0}$ ＼ $\dfrac{l_c}{h}$	$\leqslant4$	5	6	7	8
0.02	0.62	0.96	1.38	1.88	2.46
0.04	0.31	0.48	0.69	0.94	1.23
0.06	0.21	0.32	0.46	0.63	0.82
0.08	0.15	0.24	0.35	0.47	0.62
0.10	0.12	0.19	0.28	0.38	0.49
0.12	0.10	0.16	0.23	0.31	0.41
0.14	0.09	0.14	0.20	0.27	0.35
0.16	0.08	0.12	0.17	0.24	0.31
0.18	0.07	0.11	0.15	0.21	0.27
0.20	0.06	0.10	0.14	0.19	0.25
0.22	0.06	0.09	0.13	0.17	0.22
0.24	0.05	0.08	0.12	0.16	0.21

$\dfrac{l_c}{h}$ $\dfrac{M_2/N+e_a}{h_0}$	≤4	5	6	7	8
0.26	0.05	0.07	0.11	0.14	0.19
0.28	0.04	0.07	0.10	0.13	0.18
0.30	0.04	0.06	0.09	0.13	0.16
0.32	0.04	0.06	0.09	0.12	0.15
0.34	0.04	0.06	0.08	0.11	0.14
0.36	0.03	0.05	0.08	0.10	0.14
0.38	0.03	0.05	0.07	0.10	0.13
0.40	0.03	0.05	0.07	0.09	0.12
0.42	0.03	0.05	0.07	0.09	0.12
0.44	0.03	0.04	0.06	0.09	0.11
0.46	0.03	0.04	0.06	0.08	0.11
0.48	0.03	0.04	0.06	0.08	0.10
0.50	0.02	0.04	0.06	0.08	0.10
0.52	0.02	0.04	0.05	0.07	0.09
0.54	0.02	0.04	0.05	0.07	0.09
0.56	0.02	0.03	0.05	0.07	0.09
0.58	0.02	0.03	0.05	0.06	0.08
0.60	0.02	0.03	0.05	0.06	0.08
0.62	0.02	0.03	0.04	0.06	0.08
0.64	0.02	0.03	0.04	0.06	0.08
0.66	0.02	0.03	0.04	0.06	0.07
0.68	0.02	0.03	0.04	0.06	0.07
0.70	0.02	0.03	0.04	0.05	0.07
0.72	0.02	0.03	0.04	0.05	0.07
0.74	0.02	0.03	0.04	0.05	0.07
0.76	0.02	0.03	0.04	0.05	0.06
0.78	0.02	0.02	0.04	0.05	0.06
0.80	0.02	0.02	0.03	0.05	0.06
0.84	0.01	0.02	0.03	0.04	0.06
0.88	0.01	0.02	0.03	0.04	0.06
0.92	0.01	0.02	0.03	0.04	0.05

$\dfrac{l_c}{h}$ $\dfrac{M_2/N+e_a}{h_0}$	$\leqslant 4$	5	6	7	8
0.96	0.01	0.02	0.03	0.04	0.05
1.00	0.01	0.02	0.03	0.04	0.05
1.05	0.01	0.02	0.03	0.04	0.05
1.10	0.01	0.02	0.03	0.03	0.04
1.15	0.01	0.02	0.02	0.03	0.04
1.20	0.01	0.02	0.02	0.03	0.04
1.30	0.01	0.01	0.02	0.03	0.04
1.40	0.01	0.01	0.02	0.03	0.04
1.50	0.01	0.01	0.02	0.03	0.03
1.60	0.01	0.01	0.02	0.02	0.03
1.80	0.01	0.01	0.02	0.02	0.03
2.00	0.01	0.01	0.01	0.02	0.02
2.20	0.01	0.01	0.01	0.02	0.02
2.40	0.01	0.01	0.01	0.02	0.02
2.60	0.00	0.01	0.01	0.01	0.02
2.80	0.00	0.01	0.01	0.01	0.02
3.00	0.00	0.01	0.01	0.01	0.02

$\dfrac{l_c}{h}$ $\dfrac{M_2/N+e_a}{h_0}$	9	10	11	12	13
0.02	3.12	3.85	4.65	5.54	6.50
0.04	1.56	1.92	2.33	2.77	3.25
0.06	1.04	1.28	1.55	1.85	2.17
0.08	0.78	0.96	1.16	1.38	1.62
0.10	0.62	0.77	0.93	1.11	1.30
0.12	0.52	0.64	0.78	0.92	1.08
0.14	0.45	0.55	0.66	0.79	0.93
0.16	0.39	0.48	0.58	0.69	0.81
0.18	0.35	0.43	0.52	0.62	0.72
0.20	0.31	0.38	0.47	0.55	0.65
0.22	0.28	0.35	0.42	0.50	0.59
0.24	0.26	0.32	0.39	0.46	0.54

$\dfrac{M_2/N+e_a}{h_0}$ ＼ $\dfrac{l_c}{h}$	9	10	11	12	13
0.26	0.24	0.30	0.36	0.43	0.50
0.28	0.22	0.27	0.33	0.40	0.46
0.30	0.21	0.26	0.31	0.37	0.43
0.32	0.19	0.24	0.29	0.35	0.41
0.34	0.18	0.23	0.27	0.33	0.38
0.36	0.17	0.21	0.26	0.31	0.36
0.38	0.16	0.20	0.24	0.29	0.34
0.40	0.16	0.19	0.23	0.28	0.32
0.42	0.15	0.18	0.22	0.26	0.31
0.44	0.14	0.17	0.21	0.25	0.30
0.46	0.14	0.17	0.20	0.24	0.28
0.48	0.13	0.16	0.19	0.23	0.27
0.50	0.12	0.15	0.19	0.22	0.26
0.52	0.12	0.15	0.18	0.21	0.25
0.54	0.12	0.14	0.17	0.21	0.24
0.56	0.11	0.14	0.17	0.20	0.23
0.58	0.11	0.13	0.16	0.19	0.22
0.60	0.10	0.13	0.16	0.18	0.22
0.62	0.10	0.12	0.15	0.18	0.21
0.64	0.10	0.12	0.15	0.17	0.20
0.66	0.09	0.12	0.14	0.17	0.20
0.68	0.09	0.11	0.14	0.16	0.19
0.70	0.09	0.11	0.13	0.16	0.19
0.72	0.09	0.11	0.13	0.15	0.18
0.74	0.08	0.10	0.13	0.15	0.18
0.76	0.08	0.10	0.12	0.15	0.17
0.78	0.08	0.10	0.12	0.14	0.17
0.80	0.08	0.10	0.12	0.14	0.16
0.84	0.07	0.09	0.11	0.13	0.15
0.88	0.07	0.09	0.11	0.13	0.15
0.92	0.07	0.08	0.10	0.12	0.14

$\dfrac{l_c}{h}$ / $\dfrac{M_2/N+e_a}{h_0}$	9	10	11	12	13
0.96	0.06	0.08	0.10	0.12	0.14
1.00	0.06	0.08	0.09	0.11	0.13
1.05	0.06	0.07	0.09	0.11	0.12
1.10	0.06	0.07	0.08	0.10	0.12
1.15	0.05	0.07	0.08	0.10	0.11
1.20	0.05	0.06	0.08	0.09	0.11
1.30	0.05	0.06	0.07	0.09	0.10
1.40	0.04	0.05	0.07	0.08	0.09
1.50	0.04	0.05	0.06	0.07	0.09
1.60	0.04	0.05	0.06	0.07	0.08
1.80	0.03	0.04	0.05	0.06	0.07
2.00	0.03	0.04	0.05	0.06	0.06
2.20	0.03	0.03	0.04	0.05	0.06
2.40	0.03	0.03	0.04	0.05	0.05
2.60	0.02	0.03	0.04	0.04	0.05
2.80	0.02	0.03	0.03	0.04	0.05
3.00	0.02	0.03	0.03	0.04	0.04

$\dfrac{l_c}{h}$ / $\dfrac{M_2/N+e_a}{h_0}$	14	15	16	17	18
0.02	7.54	8.65	9.85	11.12	12.46
0.04	3.77	4.33	4.92	5.56	6.23
0.06	2.51	2.88	3.28	3.71	4.15
0.08	1.88	2.16	2.46	2.78	3.12
0.10	1.51	1.73	1.97	2.22	2.49
0.12	1.26	1.44	1.64	1.85	2.08
0.14	1.08	1.24	1.41	1.59	1.78
0.16	0.94	1.08	1.23	1.39	1.56
0.18	0.84	0.96	1.09	1.24	1.38
0.20	0.75	0.87	0.98	1.11	1.25
0.22	0.69	0.79	0.90	1.01	1.13
0.24	0.63	0.72	0.82	0.93	1.04

$\dfrac{l_c}{h}$ $\dfrac{M_2/N+e_a}{h_0}$	14	15	16	17	18
0.26	0.58	0.67	0.76	0.86	0.96
0.28	0.54	0.62	0.70	0.79	0.89
0.30	0.50	0.58	0.66	0.74	0.83
0.32	0.47	0.54	0.62	0.69	0.78
0.34	0.44	0.51	0.58	0.65	0.73
0.36	0.42	0.48	0.55	0.62	0.69
0.38	0.40	0.46	0.52	0.59	0.66
0.40	0.38	0.43	0.49	0.56	0.62
0.42	0.36	0.41	0.47	0.53	0.59
0.44	0.34	0.39	0.45	0.51	0.57
0.46	0.33	0.38	0.43	0.48	0.54
0.48	0.31	0.36	0.41	0.46	0.52
0.50	0.30	0.35	0.39	0.44	0.50
0.52	0.29	0.33	0.38	0.43	0.48
0.54	0.28	0.32	0.36	0.41	0.46
0.56	0.27	0.31	0.35	0.40	0.45
0.58	0.26	0.30	0.34	0.38	0.43
0.60	0.25	0.29	0.33	0.38	0.42
0.62	0.24	0.28	0.32	0.36	0.40
0.64	0.24	0.27	0.31	0.35	0.39
0.66	0.23	0.26	0.30	0.34	0.38
0.68	0.22	0.25	0.29	0.33	0.37
0.70	0.22	0.25	0.28	0.32	0.36
0.72	0.21	0.24	0.27	0.31	0.35
0.74	0.20	0.23	0.27	0.30	0.34
0.76	0.20	0.23	0.26	0.29	0.33
0.78	0.19	0.22	0.25	0.29	0.32
0.80	0.19	0.22	0.25	0.28	0.31
0.84	0.18	0.21	0.23	0.26	0.30
0.88	0.17	0.20	0.22	0.25	0.28
0.92	0.16	0.19	0.21	0.24	0.27

$\dfrac{l_c}{h}$ / $\dfrac{M_2/N+e_a}{h_0}$	14	15	16	17	18
0.96	0.16	0.18	0.21	0.23	0.26
1.00	0.15	0.17	0.20	0.22	0.25
1.05	0.14	0.16	0.19	0.21	0.24
1.10	0.14	0.16	0.18	0.20	0.23
1.15	0.13	0.15	0.17	0.19	0.22
1.20	0.13	0.14	0.16	0.19	0.21
1.30	0.12	0.13	0.15	0.17	0.19
1.40	0.11	0.12	0.14	0.16	0.18
1.50	0.10	0.12	0.13	0.15	0.17
1.60	0.09	0.11	0.12	0.14	0.16
1.80	0.08	0.10	0.11	0.12	0.14
2.00	0.08	0.09	0.10	0.11	0.12
2.20	0.07	0.08	0.09	0.10	0.11
2.40	0.06	0.07	0.08	0.09	0.10
2.60	0.06	0.07	0.08	0.09	0.10
2.80	0.05	0.06	0.07	0.08	0.09
3.00	0.05	0.06	0.07	0.07	0.08

$\dfrac{l_c}{h}$ / $\dfrac{M_2/N+e_a}{h_0}$	19	20	21	22	23
0.02	13.88	15.38	16.96	18.62	20.35
0.04	6.94	7.69	8.48	9.31	10.17
0.06	4.63	5.13	5.65	6.21	6.78
0.08	3.47	3.85	4.24	4.65	5.09
0.10	2.78	3.08	3.39	3.72	4.07
0.12	2.31	2.56	2.83	3.10	3.39
0.14	1.98	2.20	2.42	2.66	2.91
0.16	1.74	1.92	2.12	2.33	2.54
0.18	1.54	1.71	1.88	2.07	2.26
0.20	1.39	1.54	1.70	1.86	2.03
0.22	1.26	1.40	1.54	1.69	1.85
0.24	1.16	1.28	1.41	1.55	1.70

$\dfrac{l_c}{h}$ $\dfrac{M_2/N+e_a}{h_0}$	19	20	21	22	23
0.26	1.07	1.18	1.30	1.43	1.57
0.28	0.99	1.10	1.21	1.33	1.45
0.30	0.93	1.03	1.13	1.24	1.36
0.32	0.87	0.96	1.06	1.16	1.27
0.34	0.82	0.90	1.00	1.10	1.20
0.36	0.77	0.85	0.94	1.03	1.13
0.38	0.73	0.81	0.89	0.98	1.07
0.40	0.69	0.77	0.85	0.93	1.02
0.42	0.66	0.73	0.81	0.89	0.97
0.44	0.63	0.70	0.77	0.85	0.92
0.46	0.60	0.67	0.74	0.81	0.88
0.48	0.58	0.64	0.71	0.78	0.85
0.50	0.56	0.62	0.68	0.74	0.81
0.52	0.53	0.59	0.65	0.72	0.78
0.54	0.51	0.57	0.63	0.69	0.75
0.56	0.50	0.55	0.61	0.66	0.73
0.58	0.48	0.53	0.58	0.64	0.70
0.60	0.46	0.51	0.57	0.62	0.68
0.62	0.45	0.50	0.55	0.60	0.66
0.64	0.43	0.48	0.53	0.58	0.64
0.66	0.42	0.47	0.51	0.56	0.62
0.68	0.41	0.45	0.50	0.55	0.60
0.70	0.40	0.44	0.48	0.53	0.58
0.72	0.39	0.43	0.47	0.52	0.57
0.74	0.38	0.42	0.46	0.50	0.55
0.76	0.37	0.40	0.45	0.49	0.54
0.78	0.36	0.39	0.43	0.48	0.52
0.80	0.35	0.38	0.42	0.47	0.51
0.84	0.33	0.37	0.40	0.44	0.48
0.88	0.32	0.35	0.39	0.42	0.46
0.92	0.30	0.33	0.37	0.40	0.44

$\dfrac{l_c}{h}$ $\dfrac{M_2/N+e_a}{h_0}$	19	20	21	22	23
0.96	0.29	0.32	0.35	0.39	0.42
1.00	0.28	0.31	0.34	0.37	0.41
1.05	0.26	0.29	0.32	0.35	0.39
1.10	0.25	0.28	0.31	0.34	0.37
1.15	0.24	0.27	0.29	0.32	0.35
1.20	0.23	0.26	0.28	0.31	0.34
1.30	0.21	0.24	0.26	0.29	0.31
1.40	0.20	0.22	0.24	0.27	0.29
1.50	0.19	0.21	0.23	0.25	0.27
1.60	0.17	0.19	0.21	0.23	0.25
1.80	0.15	0.17	0.19	0.21	0.23
2.00	0.14	0.15	0.17	0.19	0.20
2.20	0.13	0.14	0.15	0.17	0.18
2.40	0.12	0.13	0.14	0.16	0.17
2.60	0.11	0.12	0.13	0.14	0.16
2.80	0.10	0.11	0.12	0.13	0.15
3.00	0.09	0.10	0.11	0.12	0.14

$\dfrac{l_c}{h}$ $\dfrac{M_2/N+e_a}{h_0}$	24	25	26	27	28
0.02	22.15	24.04	26.00	28.04	30.15
0.04	11.08	12.02	13.00	14.02	15.08
0.06	7.38	8.01	8.67	9.35	10.05
0.08	5.54	6.01	6.50	7.01	7.54
0.10	4.43	4.81	5.20	5.61	6.03
0.12	3.69	4.01	4.33	4.67	5.03
0.14	3.16	3.43	3.71	4.01	4.31
0.16	2.77	3.00	3.25	3.50	3.77
0.18	2.46	2.67	2.89	3.12	3.35
0.20	2.22	2.40	2.60	2.80	3.02
0.22	2.01	2.19	2.36	2.55	2.74
0.24	1.85	2.00	2.17	2.34	2.51

$\dfrac{l_c}{h}$ / $\dfrac{M_2/N+e_a}{h_0}$	24	25	26	27	28
0.26	1.70	1.85	2.00	2.16	2.32
0.28	1.58	1.72	1.86	2.00	2.15
0.30	1.48	1.60	1.73	1.87	2.01
0.32	1.38	1.50	1.62	1.75	1.88
0.34	1.30	1.41	1.53	1.65	1.77
0.36	1.23	1.34	1.44	1.56	1.68
0.38	1.17	1.27	1.37	1.48	1.59
0.40	1.11	1.20	1.30	1.40	1.51
0.42	1.05	1.14	1.24	1.34	1.44
0.44	1.01	1.09	1.18	1.27	1.37
0.46	0.96	1.05	1.13	1.22	1.31
0.48	0.92	1.00	1.08	1.17	1.26
0.50	0.89	0.96	1.04	1.12	1.21
0.52	0.85	0.92	1.00	1.08	1.16
0.54	0.82	0.89	0.96	1.04	1.12
0.56	0.79	0.86	0.93	1.00	1.08
0.58	0.76	0.83	0.90	0.97	1.04
0.60	0.74	0.80	0.87	0.93	1.01
0.62	0.71	0.78	0.84	0.90	0.97
0.64	0.69	0.75	0.81	0.88	0.94
0.66	0.67	0.73	0.79	0.85	0.91
0.68	0.65	0.71	0.76	0.82	0.89
0.70	0.63	0.69	0.74	0.80	0.86
0.72	0.62	0.67	0.72	0.78	0.84
0.74	0.60	0.65	0.70	0.76	0.81
0.76	0.58	0.63	0.68	0.74	0.79
0.78	0.57	0.62	0.67	0.72	0.77
0.80	0.55	0.60	0.65	0.70	0.75
0.84	0.53	0.57	0.62	0.67	0.72
0.88	0.50	0.55	0.59	0.64	0.69
0.92	0.48	0.52	0.57	0.61	0.66

$\frac{M_2/N+e_a}{h_0}$ $\diagdown$ $\frac{l_c}{h}$	24	25	26	27	28
0.96	0.46	0.50	0.54	0.58	0.63
1.00	0.44	0.48	0.52	0.56	0.60
1.05	0.42	0.46	0.50	0.53	0.57
1.10	0.40	0.44	0.47	0.51	0.55
1.15	0.39	0.42	0.45	0.49	0.52
1.20	0.37	0.40	0.43	0.47	0.50
1.30	0.34	0.37	0.40	0.43	0.46
1.40	0.32	0.34	0.37	0.40	0.43
1.50	0.30	0.32	0.35	0.37	0.40
1.60	0.28	0.30	0.32	0.35	0.38
1.80	0.25	0.27	0.29	0.31	0.34
2.00	0.22	0.24	0.26	0.28	0.30
2.20	0.20	0.22	0.24	0.25	0.27
2.40	0.18	0.20	0.22	0.23	0.25
2.60	0.17	0.18	0.20	0.22	0.23
2.80	0.16	0.17	0.19	0.20	0.22
3.00	0.15	0.16	0.17	0.19	0.20

2.2.8 排架结构柱弯矩增大系数 η_n 的计算系数

表 2-8　　　　　　排架结构柱弯矩增大系数 η_n 的计算系数

$\frac{e_i}{h_0}$ $\diagdown$ $\frac{l_0}{h}$	≤4	5	6	7	8
0.02	0.53	0.83	1.20	1.63	2.13
0.04	0.27	0.42	0.60	0.82	1.07
0.06	0.18	0.28	0.40	0.54	0.71
0.08	0.13	0.21	0.30	0.41	0.53
0.10	0.11	0.17	0.24	0.33	0.43
0.12	0.09	0.14	0.20	0.27	0.36
0.14	0.08	0.12	0.17	0.23	0.30
0.16	0.07	0.10	0.15	0.20	0.27
0.18	0.06	0.09	0.13	0.18	0.24

$\dfrac{e_i}{h_0}$ ╲ $\dfrac{l_0}{h}$	≤4	5	6	7	8
0.20	0.05	0.08	0.12	0.16	0.21
0.22	0.05	0.08	0.11	0.15	0.19
0.24	0.04	0.07	0.10	0.14	0.18
0.26	0.04	0.06	0.09	0.13	0.16
0.28	0.04	0.06	0.09	0.12	0.15
0.30	0.04	0.06	0.08	0.11	0.14
0.32	0.03	0.05	0.08	0.10	0.13
0.34	0.03	0.05	0.07	0.10	0.13
0.36	0.03	0.05	0.07	0.09	0.12
0.38	0.03	0.04	0.06	0.09	0.11
0.40	0.03	0.04	0.06	0.08	0.11
0.42	0.03	0.04	0.06	0.08	0.10
0.44	0.02	0.04	0.05	0.07	0.10
0.46	0.02	0.04	0.05	0.07	0.09
0.48	0.02	0.03	0.05	0.07	0.09
0.50	0.02	0.03	0.05	0.07	0.09
0.52	0.02	0.03	0.05	0.06	0.08
0.54	0.02	0.03	0.04	0.06	0.08
0.56	0.02	0.03	0.04	0.06	0.08
0.58	0.02	0.03	0.04	0.06	0.07
0.60	0.02	0.03	0.04	0.05	0.07
0.62	0.02	0.03	0.04	0.05	0.07
0.64	0.02	0.03	0.04	0.05	0.07
0.66	0.02	0.03	0.04	0.05	0.06
0.68	0.02	0.02	0.04	0.05	0.06
0.70	0.02	0.02	0.03	0.05	0.06
0.72	0.01	0.02	0.03	0.05	0.06
0.74	0.01	0.02	0.03	0.04	0.06
0.76	0.01	0.02	0.03	0.04	0.06
0.78	0.01	0.02	0.03	0.04	0.05
0.80	0.01	0.02	0.03	0.04	0.05

$\frac{e_i}{h_0}$ \ $\frac{l_o}{h}$	≤4	5	6	7	8
0.84	0.01	0.02	0.03	0.04	0.05
0.88	0.01	0.02	0.03	0.04	0.05
0.92	0.01	0.02	0.03	0.04	0.05
0.96	0.01	0.02	0.03	0.03	0.04
1.00	0.01	0.02	0.02	0.03	0.04
1.05	0.01	0.02	0.02	0.03	0.04
1.10	0.01	0.02	0.02	0.03	0.04
1.15	0.01	0.01	0.02	0.03	0.04
1.20	0.01	0.01	0.02	0.03	0.04
1.30	0.01	0.01	0.02	0.03	0.03
1.40	0.01	0.01	0.02	0.02	0.03
1.50	0.01	0.01	0.02	0.02	0.03
1.60	0.01	0.01	0.01	0.02	0.03
1.80	0.01	0.01	0.01	0.02	0.02
2.00	0.01	0.01	0.01	0.02	0.02
2.20	0.00	0.01	0.01	0.01	0.02
2.40	0.00	0.01	0.01	0.01	0.02
2.60	0.00	0.01	0.01	0.01	0.02
2.80	0.00	0.01	0.01	0.01	0.02
3.00	0.00	0.01	0.01	0.01	0.01

$\frac{e_i}{h_0}$ \ $\frac{l_o}{h}$	9	10	11	12	13
0.02	2.70	3.33	4.03	4.80	5.63
0.04	1.35	1.67	2.02	2.40	2.82
0.06	0.90	1.11	1.34	1.60	1.88
0.08	0.68	0.83	1.01	1.20	1.41
0.10	0.54	0.67	0.81	0.96	1.13
0.12	0.45	0.56	0.67	0.80	0.94
0.14	0.39	0.48	0.58	0.69	0.80
0.16	0.34	0.42	0.50	0.60	0.70
0.18	0.30	0.37	0.45	0.53	0.63

$\frac{e_i}{h_0}$ \ $\frac{l_o}{h}$	9	10	11	12	13
0.20	0.27	0.33	0.40	0.48	0.56
0.22	0.25	0.30	0.37	0.44	0.51
0.24	0.23	0.28	0.34	0.40	0.47
0.26	0.21	0.26	0.31	0.37	0.43
0.28	0.19	0.24	0.29	0.34	0.40
0.30	0.18	0.22	0.27	0.32	0.38
0.32	0.17	0.21	0.25	0.30	0.35
0.34	0.16	0.20	0.24	0.28	0.33
0.36	0.15	0.19	0.22	0.27	0.31
0.38	0.14	0.18	0.21	0.25	0.30
0.40	0.14	0.17	0.20	0.24	0.28
0.42	0.13	0.16	0.19	0.23	0.27
0.44	0.12	0.15	0.18	0.22	0.26
0.46	0.12	0.14	0.18	0.21	0.24
0.48	0.11	0.14	0.17	0.20	0.23
0.50	0.11	0.13	0.16	0.19	0.23
0.52	0.10	0.13	0.16	0.18	0.22
0.54	0.10	0.12	0.15	0.18	0.21
0.56	0.10	0.12	0.14	0.17	0.20
0.58	0.09	0.11	0.14	0.17	0.19
0.60	0.09	0.11	0.13	0.16	0.19
0.62	0.09	0.11	0.13	0.15	0.18
0.64	0.08	0.10	0.13	0.15	0.18
0.66	0.08	0.10	0.12	0.15	0.17
0.68	0.08	0.10	0.12	0.14	0.17
0.70	0.08	0.10	0.12	0.14	0.16
0.72	0.07	0.09	0.11	0.13	0.16
0.74	0.07	0.09	0.11	0.13	0.15
0.76	0.07	0.09	0.11	0.13	0.15
0.78	0.07	0.09	0.10	0.12	0.14
0.80	0.07	0.08	0.10	0.12	0.14

$\dfrac{l_o}{h}$ $\dfrac{e_i}{h_0}$	9	10	11	12	13
0.84	0.06	0.08	0.10	0.11	0.13
0.88	0.06	0.08	0.09	0.11	0.13
0.92	0.06	0.07	0.09	0.10	0.12
0.96	0.06	0.07	0.08	0.10	0.12
1.00	0.05	0.07	0.08	0.10	0.11
1.05	0.05	0.06	0.08	0.09	0.11
1.10	0.05	0.06	0.07	0.09	0.10
1.15	0.05	0.06	0.07	0.08	0.10
1.20	0.04	0.06	0.07	0.08	0.09
1.30	0.04	0.05	0.06	0.07	0.09
1.40	0.04	0.05	0.06	0.07	0.08
1.50	0.04	0.04	0.05	0.06	0.08
1.60	0.03	0.04	0.05	0.06	0.07
1.80	0.03	0.04	0.04	0.05	0.06
2.00	0.03	0.03	0.04	0.05	0.06
2.20	0.02	0.03	0.04	0.04	0.05
2.40	0.02	0.03	0.03	0.04	0.05
2.60	0.02	0.03	0.03	0.04	0.04
2.80	0.02	0.02	0.03	0.03	0.04
3.00	0.02	0.02	0.03	0.03	0.04
$\dfrac{l_o}{h}$ $\dfrac{e_i}{h_0}$	14	15	16	17	18
0.02	6.53	7.50	8.53	9.63	10.80
0.04	3.27	3.75	4.27	4.82	5.40
0.06	2.18	2.50	2.84	3.21	3.60
0.08	1.63	1.88	2.13	2.41	2.70
0.10	1.31	1.50	1.71	1.93	2.16
0.12	1.09	1.25	1.42	1.61	1.80
0.14	0.93	1.07	1.22	1.38	1.54
0.16	0.82	0.94	1.07	1.20	1.35
0.18	0.73	0.83	0.95	1.07	1.20

$\dfrac{e_i}{h_0}$ \ $\dfrac{l_o}{h}$	14	15	16	17	18
0.20	0.65	0.75	0.85	0.96	1.08
0.22	0.59	0.68	0.78	0.88	0.98
0.24	0.54	0.62	0.71	0.80	0.90
0.26	0.50	0.58	0.66	0.74	0.83
0.28	0.47	0.54	0.61	0.69	0.77
0.30	0.44	0.50	0.57	0.64	0.72
0.32	0.41	0.47	0.53	0.60	0.68
0.34	0.38	0.44	0.50	0.57	0.64
0.36	0.36	0.42	0.47	0.54	0.60
0.38	0.34	0.39	0.45	0.51	0.57
0.40	0.33	0.38	0.43	0.48	0.54
0.42	0.31	0.36	0.41	0.46	0.51
0.44	0.30	0.34	0.39	0.44	0.49
0.46	0.28	0.33	0.37	0.42	0.47
0.48	0.27	0.31	0.36	0.40	0.42
0.50	0.26	0.30	0.34	0.39	0.43
0.52	0.25	0.29	0.33	0.37	0.42
0.54	0.24	0.28	0.32	0.36	0.40
0.56	0.23	0.27	0.30	0.34	0.39
0.58	0.23	0.26	0.29	0.33	0.37
0.60	0.22	0.25	0.28	0.32	0.36
0.62	0.21	0.24	0.28	0.31	0.35
0.64	0.20	0.23	0.27	0.30	0.34
0.66	0.20	0.23	0.26	0.29	0.33
0.68	0.19	0.22	0.25	0.28	0.32
0.70	0.19	0.21	0.24	0.28	0.31
0.72	0.18	0.21	0.24	0.27	0.30
0.74	0.18	0.20	0.23	0.26	0.29
0.76	0.17	0.20	0.22	0.25	0.28
0.78	0.17	0.19	0.22	0.25	0.28
0.80	0.16	0.19	0.21	0.24	0.27

$\dfrac{e_i}{h_0}$ $\diagdown$ $\dfrac{l_o}{h}$	14	15	16	17	18
0.84	0.16	0.18	0.20	0.23	0.26
0.88	0.15	0.17	0.19	0.22	0.25
0.92	0.14	0.16	0.19	0.21	0.23
0.96	0.14	0.16	0.18	0.20	0.23
1.00	0.13	0.15	0.17	0.19	0.22
1.05	0.12	0.14	0.16	0.18	0.21
1.10	0.12	0.14	0.16	0.18	0.20
1.15	0.11	0.13	0.15	0.17	0.19
1.20	0.11	0.12	0.14	0.16	0.18
1.30	0.10	0.12	0.13	0.15	0.17
1.40	0.09	0.11	0.12	0.14	0.15
1.50	0.09	0.10	0.11	0.13	0.14
1.60	0.08	0.09	0.11	0.12	0.14
1.80	0.07	0.08	0.09	0.11	0.12
2.00	0.07	0.08	0.09	0.10	0.11
2.20	0.06	0.07	0.08	0.09	0.10
2.40	0.05	0.06	0.07	0.08	0.09
2.60	0.05	0.06	0.07	0.07	0.08
2.80	0.05	0.05	0.06	0.07	0.08
3.00	0.04	0.05	0.06	0.06	0.07

$\dfrac{e_i}{h_0}$ $\diagdown$ $\dfrac{l_o}{h}$	19	20	21	22	23
0.02	12.03	13.33	14.70	16.13	17.63
0.04	6.02	6.67	7.35	8.07	8.82
0.06	4.01	4.44	4.90	5.38	5.88
0.08	3.01	3.33	3.68	4.03	4.41
0.10	2.41	2.67	2.94	3.23	3.53
0.12	2.01	2.22	2.45	2.69	2.94
0.14	1.72	1.90	2.10	2.30	2.52
0.16	1.50	1.67	1.84	2.02	2.20
0.18	1.34	1.48	1.63	1.79	1.96

$\dfrac{e_i}{h_0}$ \ $\dfrac{l_0}{h}$	19	20	21	22	23
0.20	1.20	1.33	1.47	1.61	1.76
0.22	1.09	1.21	1.34	1.47	1.60
0.24	1.00	1.11	1.23	1.34	1.47
0.26	0.93	1.03	1.13	1.24	1.36
0.28	0.86	0.95	1.05	1.15	1.26
0.30	0.80	0.89	0.98	1.08	1.18
0.32	0.75	0.83	0.92	1.01	1.10
0.34	0.71	0.78	0.86	0.95	1.04
0.36	0.67	0.74	0.82	0.90	0.98
0.38	0.63	0.70	0.77	0.85	0.93
0.40	0.60	0.67	0.74	0.81	0.88
0.42	0.57	0.63	0.70	0.77	0.84
0.44	0.55	0.61	0.67	0.73	0.80
0.46	0.52	0.58	0.64	0.70	0.77
0.48	0.50	0.56	0.61	0.67	0.73
0.50	0.48	0.53	0.59	0.65	0.71
0.52	0.46	0.51	0.57	0.62	0.68
0.54	0.45	0.49	0.54	0.60	0.65
0.56	0.43	0.48	0.52	0.58	0.63
0.58	0.41	0.46	0.51	0.56	0.61
0.60	0.40	0.44	0.49	0.54	0.59
0.62	0.39	0.43	0.47	0.52	0.57
0.64	0.38	0.42	0.46	0.50	0.55
0.66	0.36	0.40	0.45	0.49	0.53
0.68	0.35	0.39	0.43	0.47	0.52
0.70	0.34	0.38	0.42	0.46	0.50
0.72	0.33	0.37	0.41	0.45	0.49
0.74	0.33	0.36	0.40	0.44	0.48
0.76	0.32	0.35	0.39	0.42	0.46
0.78	0.31	0.34	0.38	0.41	0.45
0.80	0.30	0.33	0.37	0.40	0.44

$\dfrac{l_o}{h}$ / $\dfrac{e_i}{h_0}$	19	20	21	22	23
0.84	0.29	0.32	0.35	0.38	0.42
0.88	0.27	0.30	0.33	0.37	0.40
0.92	0.26	0.29	0.32	0.35	0.38
0.96	0.25	0.28	0.31	0.34	0.37
1.00	0.24	0.27	0.29	0.32	0.35
1.05	0.23	0.25	0.28	0.31	0.34
1.10	0.22	0.24	0.27	0.29	0.32
1.15	0.21	0.23	0.26	0.28	0.31
1.20	0.20	0.22	0.24	0.27	0.29
1.30	0.19	0.21	0.23	0.25	0.27
1.40	0.17	0.19	0.21	0.23	0.25
1.50	0.16	0.18	0.20	0.22	0.24
1.60	0.15	0.17	0.18	0.20	0.22
1.80	0.13	0.15	0.16	0.18	0.20
2.00	0.12	0.13	0.15	0.16	0.18
2.20	0.11	0.12	0.13	0.15	0.16
2.40	0.10	0.11	0.12	0.13	0.15
2.60	0.09	0.10	0.11	0.12	0.14
2.80	0.09	0.10	0.11	0.12	0.13
3.00	0.08	0.09	0.10	0.11	0.12

$\dfrac{l_o}{h}$ / $\dfrac{e_i}{h_0}$	24	25	26	27	28
0.02	19.20	20.83	22.53	24.30	26.13
0.04	9.60	10.42	11.27	12.15	13.07
0.06	6.40	6.94	7.51	8.10	8.71
0.08	4.80	5.21	5.63	6.08	6.53
0.10	3.84	4.17	4.51	4.86	5.23
0.12	3.20	3.47	3.76	4.05	4.36
0.14	2.74	2.98	3.22	3.47	3.73
0.16	2.40	2.60	2.82	3.04	3.27
0.18	2.13	2.31	2.52	2.70	2.90

$\dfrac{e_i}{h_0}$ \ $\dfrac{l_o}{h}$	24	25	26	27	28
0.20	1.92	2.08	2.25	2.43	2.61
0.22	1.75	1.89	2.05	2.21	2.38
0.24	1.60	1.74	1.88	2.03	2.18
0.26	1.48	1.60	1.73	1.87	2.01
0.28	1.37	1.49	1.61	1.74	1.87
0.30	1.28	1.39	1.50	1.62	1.74
0.32	1.20	1.30	1.41	1.52	1.63
0.34	1.13	1.23	1.33	1.43	1.54
0.36	1.07	1.16	1.25	1.35	1.45
0.38	1.01	1.10	1.19	1.28	1.38
0.40	0.96	1.04	1.13	1.22	1.31
0.42	0.91	0.99	1.07	1.16	1.24
0.44	0.87	0.95	1.02	1.10	1.19
0.46	0.83	0.91	0.98	1.06	1.14
0.48	0.80	0.87	0.94	1.01	1.09
0.50	0.77	0.83	0.90	0.97	1.05
0.52	0.74	0.80	0.87	0.93	1.01
0.54	0.71	0.77	0.83	0.90	0.97
0.56	0.69	0.74	0.80	0.87	0.93
0.58	0.66	0.72	0.78	0.84	0.90
0.60	0.64	0.69	0.75	0.81	0.87
0.62	0.62	0.67	0.73	0.78	0.84
0.64	0.60	0.65	0.70	0.76	0.82
0.66	0.58	0.63	0.68	0.74	0.79
0.68	0.56	0.61	0.66	0.71	0.77
0.70	0.55	0.60	0.64	0.69	0.75
0.72	0.53	0.58	0.63	0.67	0.73
0.74	0.52	0.56	0.61	0.66	0.71
0.76	0.51	0.55	0.59	0.64	0.69
0.78	0.49	0.53	0.58	0.62	0.67
0.80	0.48	0.52	0.56	0.61	0.65

$\dfrac{e_i}{h_0}$ \ $\dfrac{l_0}{h}$	24	25	26	27	28
0.84	0.46	0.50	0.54	0.58	0.62
0.88	0.44	0.47	0.51	0.55	0.59
0.92	0.42	0.45	0.49	0.53	0.57
0.96	0.40	0.43	0.47	0.51	0.54
1.00	0.38	0.42	0.45	0.49	0.52
1.05	0.37	0.40	0.43	0.46	0.50
1.10	0.35	0.38	0.41	0.44	0.48
1.15	0.33	0.36	0.39	0.42	0.45
1.20	0.32	0.35	0.38	0.40	0.44
1.30	0.30	0.32	0.35	0.37	0.40
1.40	0.27	0.30	0.32	0.35	0.37
1.50	0.26	0.28	0.30	0.32	0.35
1.60	0.24	0.26	0.28	0.30	0.33
1.80	0.21	0.23	0.25	0.27	0.29
2.00	0.19	0.21	0.23	0.24	0.26
2.20	0.17	0.19	0.20	0.22	0.24
2.40	0.16	0.17	0.19	0.20	0.22
2.60	0.15	0.16	0.17	0.19	0.20
2.80	0.14	0.15	0.16	0.17	0.19
3.00	0.13	0.14	0.15	0.16	0.17

3

正常使用极限状态验算

3.1 公式速查

3.1.1 钢筋混凝土和预应力混凝土构件受拉边缘应力或正截面裂缝宽度验算

钢筋混凝土和预应力混凝土构件，应按下列规定进行受拉边缘应力或正截面裂缝宽度验算。

（1）一级裂缝控制等级构件，在荷载标准组合下，受拉边缘应力应符合下列规定：

$$\sigma_{ck} - \sigma_{pc} \leqslant 0$$

式中 σ_{ck}——荷载标准组合下抗裂验算边缘的混凝土法向应力；

      σ_{pc}——扣除全部预应力损失后在抗裂验算边缘混凝土的预压应力

$$\left\{ \begin{array}{l} \blacktriangle \ \text{先张法构件} \\ \blacksquare \ \text{后张法构件} \end{array} \right\} :$$

   ▲ 先张法构件

$$\sigma_{pc} = \frac{N_{p0}}{A_0} \pm \frac{N_{p0} e_{p0}}{I_0} y_0$$

$$N_{p0} = \sigma_{p0} A_p + \sigma'_{p0} A_p - \sigma_{l5} A_s - \sigma'_{l5} A'_s$$

$$e_{p0} = \frac{\sigma_{p0} A_p y_p - \sigma'_{p0} A'_p y'_p - \sigma_{l5} A_s y_s + \sigma'_{l5} A'_s y'_s}{\sigma'_{p0} A_p + \sigma'_{p0} A'_p - \sigma_{l5} A_s - \sigma'_{l5} A'_s}$$

$$\sigma_{p0} = \sigma_{con} - \sigma_l$$

$$\sigma_{l5} = \frac{60 + 340 \dfrac{\sigma_{pc}}{f'_{cu}}}{1 + 15\rho}$$

$$\sigma'_{l5} = \frac{60 + 340 \dfrac{\sigma'_{pc}}{f'_{cu}}}{1 + 15\rho'}$$

式中 σ_{pc}、σ'_{pc}——受拉区、受压区预应力筋合力点处的混凝土法向应力；

      f'_{cu}——施加预应力时的混凝土立方体抗压强度；

      ρ、ρ'——受拉、受压区预应力筋和普通钢筋的配筋率，对先张法构件，$\rho = (A_p + A_s)/A_0$、$\rho'(A'_p + A'_s)/A_0$；对后张法构件，$\rho = (A_p + A_s)/A_n$，$\rho' = (A'_p + A'_s)/A_n$；对于对称配置预应力筋和普通钢筋的构件，配筋率 ρ、ρ'应按钢筋总截面面积的一半计算；

      A_0——换算截面面积，包括净截面面积以及全部纵向预应力筋截面面积换算成混凝土的截面面积；

      I_0——换算截面惯性矩；

      e_{p0}——换算截面重心至预加力作用点的距离；

y_0——换算截面重心至所计算纤维处的距离；

σ_{con}——预应力筋的张拉控制应力；

σ_l——相应阶段的预应力损失值；

N_{p0}——先张法构件的预加力；

σ_{p0}、σ'_{p0}——受拉区、受压区预应力筋合力点处混凝土法向应力等于零时的预应力筋应力；

A_p、A'_p——受拉区、受压区纵向预应力筋的截面面积；

A_s、A'_s——受拉区、受压区纵向普通钢筋的截面面积；

y_p、y'_p——受拉区、受压区预应力合力点至换算截面重心的距离；

y_s、y'_s——受拉区、受压区普通钢筋重心至换算截面重心的距离；

σ_{l5}、σ'_{l5}——受拉区、受压区预应力筋在各自合力点处混凝土收缩和徐变引起的预应力损失值。

■ 后张法构件

$$\sigma_{pc}=\frac{N_p}{A_n}\pm\frac{N_{pe}e_{pn}}{I_n}y_n+\sigma_{p2}$$

$$N_p=\sigma_{pe}A_p+\sigma'_{pe}A'_p-\sigma_{l5}A_s-\sigma'_{l5}A'_s$$

$$e_{pn}=\frac{\sigma_{pe}A_py_{pn}-\sigma'_{pe}A'_py'_{pn}-\sigma_{l5}A_sy_{sn}+\sigma'_{l5}A'_sy'_{sn}}{\sigma_{pe}A_p+\sigma'_{pe}A'_p-\sigma_{l5}A_s-\sigma'_{l5}A'_s}$$

$$\sigma_{pe}=\sigma_{con}-\sigma_l$$

$$\sigma_{l5}=\frac{55+300\dfrac{\sigma_{pc}}{f'_{cu}}}{1+15\rho}$$

$$\sigma'_{l5}=\frac{55+300\dfrac{\sigma'_{pc}}{f'_{cu}}}{1+15\rho'}$$

式中 σ_{pc}、σ'_{pc}——受拉区、受压区预应力筋合力点处的混凝土法向应力；

f'_{cu}——施加预应力时的混凝土立方体抗压强度；

ρ、ρ'——受拉、受压区预应力筋和普通钢筋的配筋率，对先张法构件，$\rho=(A_p+A_s)/A_0$、$\rho'(A'_p+A'_s)/A_0$；对后张法构件，$\rho=(A_p+A_s)/A_n$、$\rho'=(A'_p+A'_s)/A_n$；对于对称配置预应力筋和普通钢筋的构件，配筋率 ρ、ρ' 应按钢筋总截面面积的一半计算；

A_n——净截面面积，即扣除孔道、凹槽等削弱部分以外的混凝土全部截面面积及纵向非预应力筋截面面积换算成混凝土的截面面积之和；对由不同混凝土强度等级组成的截面，应根据混凝土弹性模量比值换算成同一混凝土强度等级的截面面积；

A_0——换算截面面积，包括净截面面积以及全部纵向预应力筋截面面积换算成混凝土的截面面积；

I_n——换算净截面惯性矩；

e_{pn}——换算净截面重心至预加力作用点的距离；

y_n——换算净截面重心至所计算纤维处的距离；

σ_{con}——预应力筋的张拉控制应力；

σ_l——相应阶段的预应力损失值；

N_p——后张法构件的预加力；

σ_{pe}、σ'_{pe}——受拉区、受压区预应力筋的有效预应力；

A_p、A'_p——受拉区、受压区纵向预应力筋的截面面积；

A_s、A'_s——受拉区、受压区纵向普通钢筋的截面面积；

σ_{l5}、σ'_{l5}——受拉区、受压区预应力筋在各自合力点处混凝土收缩和徐变引起的预应力损失值；

y_{pn}、y'_{pn}——受拉区、受压区预应力合力点至净截面重心的距离；

y_{sn}、y'_{sn}——受拉区、受压区普通钢筋重心至净截面重心的距离。

（2）二级裂缝控制等级构件，在荷载标准组合下，受拉边缘应力应符合下列规定：

$$\sigma_{ck} - \sigma_{pc} \leqslant f_{tk}$$

式中　σ_{ck}——荷载标准组合下抗裂验算边缘的混凝土法向应力；

f_{tk}——混凝土轴心抗拉强度标准值，按表 1-1 取值；

σ_{pc}——扣除全部预应力损失后在抗裂验算边缘混凝土的预压应力$\left\{\begin{array}{l}▲ \text{先张法构件}\\■ \text{后张法构件}\end{array}\right\}$：

▲ 先张法构件

$$\sigma_{pc} = \frac{N_{p0}}{A_0} \pm \frac{N_{p0} e_{p0}}{I_0} y_0$$

$$N_{p0} = \sigma_{p0} A_p + \sigma'_{p0} A'_p - \sigma_{l5} A_s - \sigma'_{l5} A'_s$$

$$e_{p0} = \frac{\sigma_{p0} A_p y_p - \sigma'_{p0} A'_p y'_p - \sigma_{l5} A_s y_s + \sigma'_{l5} A'_s y'_s}{\sigma_{p0} A_p + \sigma'_{p0} A'_p - \sigma_{l5} A_s - \sigma'_{l5} A'_s}$$

$$\sigma_{p0} = \sigma_{con} - \sigma_l$$

$$\sigma_{l5} = \frac{60 + 340 \dfrac{\sigma_{pc}}{f'_{cu}}}{1 + 15\rho}$$

$$\sigma'_{l5} = \frac{60 + 340 \dfrac{\sigma'_{pc}}{f'_{cu}}}{1 + 15\rho'}$$

式中　σ_{pc}、σ'_{pc}——受拉区、受压区预应力筋合力点处的混凝土法向应力；

f'_{cu}——施加预应力时的混凝土立方体抗压强度；

ρ、ρ——受拉、受压区预应力筋和普通钢筋的配筋率，对先张法构件，ρ

$=(A_p+A_s)/A_0$、ρ' $(A_p'+A_s')$ $/A_0$；对后张法构件，$\rho=(A_p+A_s)/A_n$、$\rho'=(A_p'+A_s')/A_n$；对于对称配置预应力筋和普通钢筋的构件，配筋率 ρ、ρ' 应按钢筋总截面面积的一半计算；

A_0——换算截面面积，包括净截面面积以及全部纵向预应力筋截面面积换算成混凝土的截面面积；

I_0——换算截面惯性矩；

e_{p0}——换算截面重心至预加力作用点的距离；

y_0——换算截面重心至所计算纤维处的距离；

σ_{con}——预应力筋的张拉控制应力；

σ_l——相应阶段的预应力损失值；

N_{p0}——先张法构件的预加力；

σ_{p0}、σ_{p0}'——受拉区、受压区预应力筋合力点处混凝土法向应力等于零时的预应力筋应力；

A_p、A_p'——受拉区、受压区纵向预应力筋的截面面积；

A_s、A_s'——受拉区、受压区纵向普通钢筋的截面面积；

y_p、y_p'——受拉区、受压区预应力合力点至换算截面重心的距离；

y_s、y_s'——受拉区、受压区普通钢筋重心至换算截面重心的距离；

σ_{l5}、σ_{l5}'——受拉区、受压区预应力筋在各自合力点处混凝土收缩和徐变引起的预应力损失值。

■ 后张法构件

$$\sigma_{pc}=\frac{N_p}{A_n}\pm\frac{N_p e_{pn}}{I_n}y_n+\sigma_{p2}$$

$$N_p=\sigma_{pe}A_p+\sigma_{pe}'A_p'-\sigma_{l5}A_s-\sigma_{l5}'A_s'$$

$$e_{pn}=\frac{\sigma_{pe}A_p y_{pn}-\sigma_{pe}'A_p'y_{pn}'-\sigma_{l5}A_s y_{sn}+\sigma_{l5}'A_s'y_{sn}'}{\sigma_{pe}A_p+\sigma_{pe}'A_p'-\sigma_{l5}A_s-\sigma_{l5}'A_s'}$$

$$\sigma_{pe}=\sigma_{con}-\sigma_l$$

$$\sigma_{l5}=\frac{55+300\dfrac{\sigma_{pc}}{f_{cu}'}}{1+15\rho}$$

$$\sigma_{l5}'=\frac{55+300\dfrac{\sigma_{pc}'}{f_{cu}'}}{1+15\rho'}$$

式中　σ_{pc}、σ_{pc}'——受拉区、受压区预应力筋合力点处的混凝土法向应力；

f_{cu}'——施加预应力时的混凝土立方体抗压强度；

ρ、ρ'——受拉、受压区预应力筋和普通钢筋的配筋率，对先张法构件，$\rho=(A_p+A_s)/A_0$、ρ' $(A_p'+A_s')$ $/A_0$；对后张法构件，$\rho=(A_p+A_s)/A_n$、$\rho'=(A_p'+A_s')/A_n$；对于对称配置预应力筋和普通钢筋的

构件，配筋率 ρ、ρ' 应按钢筋总截面面积的一半计算；

A_n——净截面面积，即扣除孔道、凹槽等削弱部分以外的混凝土全部截面面积及纵向非预应力筋截面面积换算成混凝土的截面面积之和；对由不同混凝土强度等级组成的截面，应根据混凝土弹性模量比值换算成同一混凝土强度等级的截面面积；

A_0——换算截面面积，包括净截面面积以及全部纵向预应力筋截面面积换算成混凝土的截面面积；

I_n——换算净截面惯性矩；

e_{pn}——换算净截面重心至预加力作用点的距离；

y_n——换算净截面重心至所计算纤维处的距离；

σ_{con}——预应力筋的张拉控制应力；

σ_l——相应阶段的预应力损失值；

N_p——后张法构件的预加力；

σ_{pe}、σ'_{pe}——受拉区、受压区预应力筋的有效预应力；

A_p、A'_p——受拉区、受压区纵向预应力筋的截面面积；

A_s、A'_s——受拉区、受压区纵向普通钢筋的截面面积；

σ_{l5}、σ'_{l5}——受拉区、受压区预应力筋在各自合力点处混凝土收缩和徐变引起的预应力损失值；

y_{pn}、y'_{pn}——受拉区、受压区预应力合力点至净截面重心的距离；

y_{sn}、y'_{sn}——受拉区、受压区普通钢筋重心至净截面重心的距离。

（3）三级裂缝控制等级时，钢筋混凝土构件的最大裂缝宽度可按荷载准永久组合并考虑长期作用影响的效应计算，预应力混凝土构件的最大裂缝宽度可按荷载标准组合并考虑长期作用影响的效应计算。最大裂缝宽度应符合下列规定：

$$W_{max} \leqslant w_{lim}$$

$$w_{max} = \alpha_{cr} \psi \frac{\sigma_s}{E_s} \left(1.9 c_s + 0.08 \frac{d_{eq}}{\rho_{te}} \right)$$

$$\psi = 1.1 - 0.65 \frac{f_{tk}}{\rho_{te} \sigma_s}$$

$$e_{eq} = \frac{\sum n_i d_i^2}{\sum n_i v_i d_i}$$

$$\rho_{te} = \frac{A_s + A_p}{A_{te}}$$

式中 f_{tk}——混凝土轴心抗拉强度标准值，按表 1-1 取值；

w_{lim}——最大裂缝宽度限值，按表 1-19 取值；

w_{max}——按荷载的标准组合或准永久组合并考虑长期作用影响计算的最大裂缝宽度；

α_{cr}——构件受力特征系数，按表 3-1 取值；

ψ——裂缝间纵向受拉钢筋应变不均匀系数，当 $\psi < 0.2$，取 $\psi = 0.2$；当 $\psi > 1.0$，取 $\psi = 1.0$；对直接承受重复荷载的构件，取 $\psi = 1.0$；

σ_s——按荷载准永久组合计算的钢筋混凝土构件纵向受拉钢筋应力或按标准组合计算的预应力混凝土构件纵向受拉钢筋等效应力；

E_s——钢筋弹性模量，按表 1-12 取值；

c_s——最外层纵向受拉钢筋外边缘至受拉区底边的距离（mm），当 $c_s < 20$，取 $c_s = 20$；当 $c_s > 65$，取 $c_s = 65$；

ρ_{te}——按有效受拉混凝土截面面积计算的纵向受拉钢筋配筋率，对无黏结后张构件，仅取纵向受拉钢筋计算配筋率；在最大裂缝宽度计算中，当 $\rho_{te} < 0.01$ 时，取 $\rho_{te} = 0.01$；

A_{te}——有效受拉混凝土截面面积，对轴心受拉构件，取构件截面面积；对受弯、偏心受压和偏心受拉构件，取 $A_{te} = 0.5bh + (b_f - b)h_f$，此处，$b_f$、$h_f$ 为受拉翼缘的宽度、高度；

A_s——受拉区纵向钢筋截面面积；

A_p——受拉区纵向预应力筋截面面积；

d_{eq}——受拉区纵向钢筋的等效直径（mm），对无黏结后张构件，仅为受拉区纵向受拉钢筋的等效直径（mm）；

d_i——受拉区第 i 种纵向钢筋的公称直径；对于有黏结预应力钢绞线束的直径取为，其中 d_{p1} 为单根钢绞线的公称直径，n_1 为单束钢绞线根数；

n_i——受拉区第 i 种纵向钢筋的根数；对于有黏结预应力钢绞线，取为钢绞线束数；

v_i——受拉区第 i 种纵向钢筋的相对黏结特性系数，按表 3-2 采用。

对环境类别为二 a 类的预应力混凝土构件，在荷载准永久组合下，受拉边缘应力尚应符合下列规定：

$$\sigma_{cq} - \sigma_{pc} \leqslant f_{tk}$$

式中 σ_{cq}——荷载准永久组合下抗裂验算边缘的混凝土法向应力；

f_{tk}——混凝土轴心抗拉强度标准值，按表 1-1 取值；

σ_{pc}——扣除全部预应力损失后在抗裂验算边缘混凝土的预压应力

$\left\{\begin{array}{l} \blacktriangle \text{ 先张法构件} \\ \blacksquare \text{ 后张法构件} \end{array}\right\}$：

▲ 先张法构件

$$\sigma_{pc} = \frac{N_{p0}}{A_0} \pm \frac{N_{p0} e_{p0}}{I_0} y_0$$

$$N_{p0} = \sigma_{p0} A_p + \sigma'_{p0} A_p - \sigma_{l5} A_s - \sigma_{l5} A_s$$

$$e_{p0} = \frac{\sigma_{p0} A_p y_p - \sigma'_{p0} A'_p y'_p - \sigma_{l5} A_s y_s + \sigma'_{l5} + \sigma'_{l5} A'_s y'_s}{\sigma'_{p0} A_p + \sigma'_{p0} A'_p - \sigma_{l5} A_s - \sigma'_{l5} A'_s}$$

$$\sigma_{p0} = \sigma_{con} - \sigma_l$$

$$\sigma_{l5} = \frac{60 + 340 \dfrac{\sigma_{pc}}{f'_{cu}}}{1 + 15\rho}$$

$$\sigma'_{l5} = \frac{60 + 340 \dfrac{\sigma'_{pc}}{f'_{cu}}}{1 + 15\rho'}$$

式中 σ_{pc}、σ'_{pc}——受拉区、受压区预应力筋合力点处的混凝土法向应力；

f'_{cu}——施加预应力时的混凝土立方体抗压强度；

ρ、ρ'——受拉、受压区预应力筋和普通钢筋的配筋率，对先张法构件，$\rho = (A_p + A_s)/A_0$、$\rho' (A'_p + A'_s)/A_0$；对后张法构件，$\rho = (A_p + A_s)/A_n$、$\rho' = (A'_p + A'_s)/A_n$；对于对称配置预应力筋和普通钢筋的构件，配筋率 ρ、ρ' 应按钢筋总截面面积的一半计算；

A_0——换算截面面积，包括净截面面积以及全部纵向预应力筋截面面积换算成混凝土的截面面积；

I_0——换算截面惯性矩；

e_{p0}——换算截面重心至预加力作用点的距离；

y_0——换算截面重心至所计算纤维处的距离；

σ_{con}——预应力筋的张拉控制应力；

σ_l——相应阶段的预应力损失值；

N_{p0}——先张法构件的预加力；

σ_{p0}、σ'_{p0}——受拉区、受压区预应力筋合力点处混凝土法向应力等于零时的预应力筋应力；

A_p、A'_p——受拉区、受压区纵向预应力筋的截面面积；

A_s、A'_s——受拉区、受压区纵向普通钢筋的截面面积；

y_p、y'_p——受拉区、受压区预应力合力点至换算截面重心的距离；

y_s、y'_s——受拉区、受压区普通钢筋重心至换算截面重心的距离；

σ_{l5}、σ'_{l5}——受拉区、受压区预应力筋在各自合力点处混凝土收缩和徐变引起的预应力损失值。

■ 后张法构件

$$\sigma_{pc} = \frac{N_p}{A_n} \pm \frac{N_p e_{pn}}{I_n} y_n + \sigma_{p2}$$

$$N_p = \sigma_{pe} A_p + \sigma'_{pe} A_p - \sigma_{l5} A_s - \sigma'_{l5} A'_s$$

$$e_{pn} = \frac{\sigma_{pe} A_p y_{pn} - \sigma'_{pe} A'_p y'_{pn} - \sigma_{l5} A_s y_{sn} + \sigma'_{l5} A'_s y'_{sn}}{\sigma_{pe} A_p + \sigma'_{pe} A'_p - \sigma_{l5} A_s - \sigma'_{l5} A'_s}$$

$$\sigma_{p0} = \sigma_{con} - \sigma_l$$

$$\sigma_{l5} = \frac{55 + 300\dfrac{\sigma_{pc}}{f'_{cu}}}{1 + 15\rho}$$

$$\sigma'_{l5} = \frac{55 + 300\dfrac{\sigma'_{pc}}{f'_{cu}}}{1 + 15\rho'}$$

式中　σ、σ'_{pc}——受拉区、受压区预应力筋合力点处的混凝土法向应力；

$\quad\quad f'_{cu}$——施加预应力时的混凝土立方体抗压强度；

$\quad\quad \rho$、ρ'——受拉、受压区预应力筋和普通钢筋的配筋率，对先张法构件，$\rho = (A_p + A_s)/A_0$、ρ'（$A'_p + A'_s$）$/A_0$；对后张法构件，$\rho = (A_p + A_s)/A_n$、$\rho' = (A'_p + A'_s)/A_n$；对于对称配置预应力筋和普通钢筋的构件，配筋率 ρ、ρ' 应按钢筋总截面面积的一半计算；

$\quad\quad A_n$——净截面面积，即扣除孔道、凹槽等削弱部分以外的混凝土全部截面面积及纵向非预应力筋截面面积换算成混凝土的截面面积之和；对由不同混凝土强度等级组成的截面，应根据混凝土弹性模量比值换算成同一混凝土强度等级的截面面积；

$\quad\quad A_0$——换算截面面积，包括净截面面积以及全部纵向预应力筋截面面积换算成混凝土的截面面积；

$\quad\quad I_n$——换算净截面惯性矩；

$\quad\quad e_{pn}$——换算净截面重心至预加力作用点的距离；

$\quad\quad y_n$——换算净截面重心至所计算纤维处的距离；

$\quad\quad \sigma_{con}$——预应力筋的张拉控制应力；

$\quad\quad \sigma_l$——相应阶段的预应力损失值；

$\quad\quad N_p$——后张法构件的预加力；

$\quad\quad \sigma_{pe}$、σ'_{pe}——受拉区、受压区预应力筋的有效预应力；

$\quad\quad A_p$、A'_p——受拉区、受压区纵向预应力筋的截面面积；

$\quad\quad A_s$、A'_s——受拉区、受压区纵向普通钢筋的截面面积；

$\quad\quad \sigma_{l5}$、σ'_{l5}——受拉区、受压区预应力筋在各自合力点处混凝土收缩和徐变引起的预应力损失值；

$\quad\quad y_{pn}$、y'_{pn}——受拉区、受压区预应力合力点至净截面重心的距离；

$\quad\quad y_{sn}$、y'_{sn}——受拉区、受压区普通钢筋重心至净截面重心的距离。

3.1.2　钢筋混凝土构件受拉区纵向钢筋的等效应力计算

在荷载准永久组合或标准组合下，钢筋混凝土构件受拉区纵向普通钢筋的应力可按下列公式计算。

（1）轴心受拉构件：

$$\sigma_{sq} = \frac{N_q}{A_s}$$

式中　N_q——按荷载准永久组合计算的轴向力值；

　　　A_s——受拉区纵向普通钢筋截面面积，对轴心受拉构件，取全部纵向普通钢筋截面面积。

（2）偏心受拉构件：

$$\sigma_{sq} = \frac{N_q e'}{A_s (h_0 - a'_s)}$$

式中　N_q——按荷载准永久组合计算的轴向力值；

　　　A_s——受拉区纵向普通钢筋截面面积，对轴心受拉构件，取全部纵向普通钢筋截面面积；

　　　e'——轴向拉力作用点至受压区或受拉较小边纵向钢筋合力点的距离；

　　　h_0——截面的有效高度；

　　　a'_s——受压区纵向普通钢筋合力点至截面受压边缘的距离。

（3）受弯构件：

$$\sigma_{sq} = \frac{M_q}{0.87 h_0 A_s}$$

式中　M_q——按荷载准永久组合计算的弯矩值；

　　　A_s——受拉区纵向普通钢筋截面面积，对受弯构件，取受拉区纵向普通钢筋截面面积；

　　　h_0——截面的有效高度。

（4）偏心受压构件：

$$\sigma_{sq} = \frac{N_q (e - z)}{A_s z}$$

$$z = \left[0.87 - 0.12(1 - \gamma'_f) \left(\frac{h_0}{e} \right)^2 \right] h_0$$

$$e = \eta_s e_0 + y_s$$

$$\gamma'_f = \frac{(b'_f - b) h'_f}{b h_0}$$

$$\eta_s = 1 + \frac{1}{4000 e_0 / h_0} \left(\frac{l_0}{h} \right)^2$$

式中　A_s——受拉区纵向普通钢筋截面面积，对轴心受拉构件，取全部纵向普通钢筋截面面积；对偏心受拉构件，取受拉较大边的纵向普通钢筋截面面积；对受弯、偏心受压构件，取受拉区纵向普通钢筋截面面积；

　　　N_q——按荷载准永久组合计算的轴向力值；

　　　h_0——截面的有效高度；

　　　e——轴向压力作用点至纵向受拉钢筋合力点的距离；

e_0——荷载准永久组合下的初始偏心距，取为 M_q/N_q；

z——纵向受拉钢筋合力点至截面受压区合力点的距离，且不大于 $0.87h_0$；

η_s——使用阶段的轴向压力偏心距增大系数，l_0/h 不大于 14 时，取 1.0；

y_s——截面重心至纵向受拉钢筋合力点的距离；

γ_f'——受压翼缘截面面积与腹板有效截面面积的比值；

b——矩形截面的宽度，T 形截面或 I 形截面的腹板宽度；

b_f'、h_f'——分别为受压区翼缘的宽度、高度，在上式中，大于 $0.2h_0$ 时，取 $0.2h_0$；

l_0——计算跨度或计算长度；

h——截面高度。

3.1.3　预应力混凝土构件受拉区纵向钢筋的等效应力计算

在荷载准永久组合或标准组合下，预应力混凝土构件受拉区纵向钢筋的等效应力 σ_{sk} 可按下列公式计算。

（1）轴心受拉构件：

$$\sigma_{sk}=\frac{N_k-N_{p0}}{A_p+A_s}$$

式中　A_p——受拉区纵向预应力筋截面面积，对轴心受拉构件，取全部纵向预应力筋截面面积；

A_s——受拉区纵向普通钢筋截面面积；

N_{p0}——计算截面上混凝土法向预应力等于零时的预加力；

N_k——按荷载标准组合计算的轴向力值。

（2）受弯构件：

$$\sigma_{sk}=\frac{M_k-N_{p0}(z-e_p)}{(\alpha_1 A_p+A_s)z}$$

$$z=\left[0.87-0.12(1-\gamma_f')\left(\frac{h_0}{e}\right)^2\right]h_0$$

$$e=e_p+\frac{M_k}{N_{p0}}$$

$$e_q=y_{ps}-e_{p0}$$

式中　A_p——受拉区纵向预应力筋截面面积，对受弯构件，取受拉区纵向预应力筋截面面积；

A_s——受拉区纵向普通钢筋截面面积；

N_{p0}——计算截面上混凝土法向预应力等于零时的预加力；

M_k——按荷载标准组合计算的弯矩值；

z——受拉区纵向普通钢筋和预应力筋合力点至截面受压区合力点的距离；

α_1——无黏结预应力筋的等效折减系数，取 α_1 为 0.3；对灌浆的后张预应力筋，取 α_1 为 1.0；

e_p——N_{p0} 的作用点至受拉区纵向预应力和普通钢筋合力点的距离；

y_{ps}——受拉区纵向预应力和普通钢筋合力点的偏心距；

e_{p0}——计算截面上混凝土法向预应力等于零时的预加力 N_{p0} 作用点的偏心距；

γ'_f——受压翼缘截面面积与腹板有效截面面积的比值；

h_0——截面的有效高度；

e——轴向压力作用点至纵向受拉钢筋合力点的距离。

3.1.4 截面边缘混凝土的法向应力计算

在荷载标准组合和准永久组合下，抗裂验算时截面边缘混凝土的法向应力应按下列公式计算。

（1）轴心受拉构件：

$$\sigma_{ck} = \frac{N_k}{A_0}$$

$$\sigma_{cq} = \frac{N_q}{A_0}$$

式中　A_0——构件换算截面面积；

N_k——按荷载标准组合计算的轴向力值；

N_q——按荷载准永久组合计算的轴向力值。

（2）受弯构件：

$$\sigma_{ck} = \frac{M_k}{W_0}$$

$$\sigma_{cq} = \frac{M_q}{W_0}$$

式中　M_k——按荷载标准组合计算的弯矩值；

M_q——按荷载准永久组合计算的弯矩值；

W_0——构件换算截面受拉边缘的弹性抵抗矩。

（3）偏心受拉和偏心受压构件：

$$\sigma_{ck} = \frac{M_k}{W_0} + \frac{N_k}{A_0}$$

$$\sigma_{cq} = \frac{M_q}{W_0} + \frac{N_q}{A_0}$$

式中　A_0——构件换算截面面积；

N_k、M_k——按荷载标准组合计算的轴向力值、弯矩值；

N_q、M_q——按荷载准永久组合计算的轴向力值、弯矩值；

W_0——构件换算截面受拉边缘的弹性抵抗矩。

3.1.5 混凝土主拉应力验算

预应力混凝土受弯构件应对截面上的混凝土主拉应力进行验算。

(1) 一级裂缝控制等级构件:

$$\sigma_{tp} \leqslant 0.85 f_{tk}$$

$$\sigma_{tp} = \frac{\sigma_x + \sigma_y}{2} \pm \sqrt{\left(\frac{\sigma_x - \sigma_y}{2}\right)^2 + \tau^2}$$

$$\sigma_x = \sigma_{pc} + \frac{M_k y_0}{I_0}$$

$$\tau = \frac{(V_k - \sum \sigma_{pe} A_{pb} \sin\alpha_p) S_0}{I_0 b}$$

式中　f_{tk}——混凝土轴心抗拉强度标准值,按表 1-1 取值;

σ_{tp}——混凝土的主拉应力;

σ_x——由预加力和弯矩值 M_k 在计算纤维处产生的混凝土法向应力;

σ_y——由集中荷载标准值 F_k 产生的混凝土竖向压应力;

τ——由剪力值 V_k 和预应力弯起钢筋的预加力在计算纤维处产生的混凝土剪应力,当计算截面上有扭矩作用时,尚应计入扭矩引起的剪应力;对超静定后张法预应力混凝土结构构件,在计算剪应力时,还应计入预加力引起的次剪力;

M_k——按荷载标准组合计算的弯矩值;

y_0——换算截面重心至计算纤维处的距离;

I_0——换算截面惯性矩;

V_k——按荷载标准组合计算的剪力值;

S_0——计算纤维以上部分的换算截面面积对构件换算截面重心的面积矩;

σ_{pe}——预应力弯起钢筋的有效预应力;

A_{pb}——计算截面上同一弯起平面内的预应力弯起钢筋的截面面积;

α_p——计算截面上预应力弯起钢筋的切线与构件纵向轴线的夹角;

b——矩形截面的宽度,T 形截面或 I 形截面的腹板宽度;

σ_{pe}——扣除全部预应力损失后,在计算纤维处由预加力产生的混凝土法向应力。

(2) 二级裂缝控制等级构件:

$$\sigma_{tp} \leqslant 0.95 f_{tk}$$

$$\sigma_{tp} = \frac{\sigma_x + \sigma_y}{2} \pm \sqrt{\left(\frac{\sigma_x - \sigma_y}{2}\right)^2 + \tau^2}$$

$$\sigma_x = \sigma_{pc} + \frac{M_k y_0}{I_0}$$

$$\tau = \frac{(V_k - \sum \sigma_{pe} A_{pb} \sin \alpha_p) S_0}{I_0 b}$$

式中　f_{tk}——混凝土轴心抗拉强度标准值，按表 1-1 取值；

　　　σ_{tp}——混凝土的主拉应力；

　　　σ_x——由预加力和弯矩值 M_k 在计算纤维处产生的混凝土法向应力；

　　　σ_y——由集中荷载标准值 F_k 产生的混凝土竖向压应力；

　　　τ——由剪力值 V_k 和预应力弯起钢筋的预加力在计算纤维处产生的混凝土剪应力，计算截面上有扭矩作用时，还应计入扭矩引起的剪应力；对超静定后张法预应力混凝土结构构件，在计算剪应力时，还应计入预加力引起的次剪力；

　　　M_k——按荷载标准组合计算的弯矩值；

　　　y_0——换算截面重心至计算纤维处的距离；

　　　I_0——换算截面惯性矩；

　　　V_k——按荷载标准组合计算的剪力值；

　　　S_0——计算纤维以上部分的换算截面面积对构件换算截面重心的面积矩；

　　　σ_{pe}——预应力弯起钢筋的有效预应力；

　　　A_{pb}——计算截面上同一弯起平面内的预应力弯起钢筋的截面面积；

　　　α_p——计算截面上预应力弯起钢筋的切线与构件纵向轴线的夹角；

　　　b——矩形截面的宽度，T 形截面或 I 形截面的腹板宽度；

　　　σ_{pc}——扣除全部预应力损失后，在计算纤维处由预加力产生的混凝土法向应力。

3.1.6　混凝土主压应力验算

预应力混凝土受弯构件应对截面上的混凝土主压应力进行验算：

对一、二级裂缝等级构件，均应符合下列规定：

$$\sigma_{cp} \leqslant 0.60 f_{ck}$$

$$\sigma_{cp} = \frac{\sigma_x + \sigma_y}{2} \pm \sqrt{\left(\frac{\sigma_x - \sigma_y}{2}\right)^2 + \tau^2}$$

$$\sigma_x = \sigma_{pc} + \frac{M_k y_0}{I_0}$$

$$\tau = \frac{(V_k - \sum \sigma_{pe} A_{pb} \sin \alpha_p) S_0}{I_0 b}$$

式中　f_{ck}——混凝土轴心抗压强度标准值，按表 1-1 取值；

　　　σ_{cp}——混凝土的主压应力；

　　　σ_x——由预加力和弯矩值 M_k 在计算纤维处产生的混凝土法向应力；

σ_y——由集中荷载标准值 F_k 产生的混凝土竖向压应力；

τ——由剪力值 V_k 和预应力弯起钢筋的预加力在计算纤维处产生的混凝土剪应力；计算截面上有扭矩作用时，尚应计入扭矩引起的剪应力；对超静定后张法预应力混凝土结构构件，在计算剪应力时，还应计入预加力引起的次剪力；

σ_{pe}——扣除全部预应力损失后，在计算纤维处由预加力产生的混凝土法向应力；

M_k——按荷载标准组合计算的弯矩值；

y_0——换算截面重心至计算纤维处的距离；

I_0——换算截面惯性矩；

V_k——按荷载标准组合计算的剪力值；

S_0——计算纤维以上部分的换算截面面积对构件换算截面重心的面积矩；

σ_{pe}——预应力弯起钢筋的有效预应力；

A_{pb}——计算截面上同一弯起平面内的预应力弯起钢筋的截面面积；

α_p——计算截面上预应力弯起钢筋的切线与构件纵向轴线的夹角；

b——矩形截面的宽度，T形截面或I形截面的腹板宽度。

此时，应选择跨度内不利位置的截面，对该截面的换算截面重心处和截面宽度突变处进行验算。

3.1.7 预应力混凝土吊车梁集中力作用点附近的应力计算

对预应力混凝土吊车梁，在集中力作用点两侧各 $0.6h$ 的长度范围内，由集中荷载标准值 F_k 产生的混凝土竖向压应力和剪应力的简化分布可按图 3-1 确定，其应力的最大值可按下列公式计算：

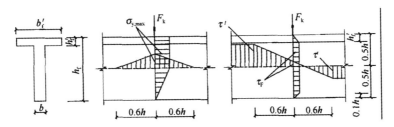

图 3-1 预应力混凝土吊车梁集中力作用点附近的应力分布

(a) 截面；(b) 竖向压应力 σ_y 分布；(c) 剪应力 τ 分布

$$\sigma_{y,max} = \frac{0.6 F_k}{bh}$$

$$\tau_F = \frac{\tau' - \tau^r}{2}$$

$$\tau' = \frac{V_k^l S_0}{I_0 b}$$

$$\tau^r = \frac{V_k^r S_0}{I_0 b}$$

式中　b——矩形截面的宽度，T形截面或I形截面的腹板宽度；

　　　　h——截面高度；

　τ^l、τ^r——位于集中荷载标准值 F_k 作用点左侧、右侧 $0.6h$ 处截面上的剪应力；

　　　τ_F——集中荷载标准值 F_k 作用截面上的剪应力；

V_k^l、V_k^r——集中荷载标准值 F_k 作用点左侧、右侧截面上的剪力标准值；

　　　S_0——计算纤维以上部分的换算截面面积对构件换算截面重心的面积矩；

　　　I_0——换算截面惯性矩。

3.1.8　采用荷载标准组合计算的刚度

矩形、T形、倒T形和I形截面受弯构件考虑荷载长期作用影响的刚度 B 可按下列规定计算：

$$B = \frac{M_k}{M_q(\theta-1) + M_k} B_s$$

式中　M_k——按荷载的标准组合计算的弯矩，取计算区段内的最大弯矩值；

　　　M_q——按荷载的准永久组合计算的弯矩，取计算区段内的最大弯矩值；

　　　θ——考虑荷载长期作用对挠度增大的影响系数，钢筋混凝土受弯构件，当 $\rho'=0$ 时，取 $\theta=2.0$；当 $\rho'=\rho$ 时，取 $\theta=1.6$；当 ρ' 为中间数值时，θ 按线性内插法取用。此处，$\rho'=A_s'/(bh_0)$，$\rho=A_s/(bh_0)$。对翼缘位于受拉区的倒T形截面，θ 应增加 20%。预应力混凝土受弯构件，取 $\theta=2.0$；

　　　B_s——按荷载准永久组合计算的钢筋混凝土受弯构件或按标准组合计算的预应力混凝土受弯构件的短期刚度 $\left\{\begin{matrix} \blacktriangle \text{ 钢筋混凝土受弯构件} \\ \blacksquare \text{ 预应力混凝土受弯构件} \end{matrix}\right\}$：

▲ 钢筋混凝土受弯构件

$$B_s = \frac{E_s A_s h_0^2}{1.15\psi + 0.2 + \dfrac{6\alpha_E \rho}{1 + 3.5\gamma_f'}}$$

$$\psi = 1.1 - 0.65 \frac{f_{tk}}{\rho_{te} \sigma_s}$$

式中　ψ——裂缝间纵向受拉普通钢筋应变不均匀系数，$\psi < 0.2$ 时，取 $\psi=0.2$；$\psi > 1.0$ 时，取 $\psi=1.0$；对直接承受重复荷载的构件，取 $\psi=1.0$；

　　　E_s——钢筋弹性模量，按表 1-12 取值；

　　　A_s——受拉区纵向普通钢筋截面面积；

h_0——截面的有效高度；

α_E——钢筋弹性模量与混凝土弹性模量的比值，即 E_s/E_c；

ρ——纵向受拉钢筋配筋率，对钢筋混凝土受弯构件，取为 (A_s/bh_0)；对预应力混凝土受弯构件，取为 $(\alpha_1 A_p + A_s)/(bh_0)$，对灌浆的后张预应力筋，取 $\alpha_1 = 1.0$，对无黏结后张预应力筋，取 $\alpha_1 = 0.3$；

γ'_f——受压翼缘截面面积与腹板有效截面面积的比值；

f_{tk}——混凝土轴心抗拉强度标准值，按表 1-1 取值；

σ_s——按荷载准永久组合计算的钢筋混凝土构件纵向受拉钢筋应力或按标准组合计算的预应力混凝土构件纵向受拉钢筋等效应力；

ρ_{te}——按有效受拉混凝土截面面积计算的纵向受拉钢筋配筋率；对无黏结后张构件，仅取纵向受拉钢筋计算配筋率；在最大裂缝宽度计算中，当 $\rho_{te} < 0.01$ 时，取 $\rho_{te} = 0.01$。

■ 预应力混凝土受弯构件 $\begin{cases} \bullet\ \text{要求不出现裂缝的构件} \\ \bullet\ \text{允许出现裂缝的构件} \end{cases}$

● 要求不出现裂缝的构件

$$B_s = 0.85 E_c I_0$$

式中　E_c——混凝土弹性模量，见表 1-3；

　　　I_0——换算截面惯性矩。

● 允许出现裂缝的构件

$$B_s = \frac{0.85 E_c I_0}{\kappa_{cr} + (1 - \kappa_{cr})\omega}$$

$$\kappa_{cr} = \frac{M_{cr}}{M_k}$$

$$\omega = \left(1.0 + \frac{0.21}{\alpha_E \rho}\right)(1 + 0.45\gamma_f) - 0.7$$

$$M_{cr} = (\sigma_{pc} + \gamma f_{tk}) W_0$$

$$\gamma_f = \frac{(b_f - b)h_f}{bh_0}$$

$$\gamma = \left(0.7 + \frac{120}{h}\right)\gamma_m$$

式中　E_c——混凝土弹性模量，见表 1-3；

　　　h_0——截面的有效高度；

　　　α_E——钢筋弹性模量与混凝土弹性模量的比值，即 E_s/E_c；

　　　ρ——纵向受拉钢筋配筋率，对钢筋混凝土受弯构件，取为 (A_s/bh_0)；对预应力混凝土受弯构件，取为 $(\alpha_1 A_p + A_s)/(bh_0)$，对灌浆的后张预应力筋，取 $\alpha_1 = 1.0$，对无黏结后张预应力筋，取 $\alpha_1 = 0.3$；

I_0——换算截面惯性矩；

γ_f——受拉翼缘截面面积与腹板有效截面面积的比值；

b_f、h_f——受拉区翼缘的宽度、高度；

κ_{cr}——预应力混凝土受弯构件正截面的开裂弯矩 M_{cr} 与弯矩 M_k 的比值，当 $\kappa_{cr} > 1.0$ 时，取 $\kappa_{cr} = 1.0$；

M_k——按荷载的标准组合计算的弯矩，取计算区段内的最大弯矩值；

ω——均匀配置纵向钢筋区段的高度 h_{sw} 与截面有效高度 h_0 的比值 (h_{sw}/h_0)，宜取 h_{sw} 为 $(h_0 - a_s')$；

f_{tk}——混凝土轴心抗拉强度标准值，按表 1－1 取值；

b——矩形截面的宽度，T 形截面或 I 形截面的腹板宽度；

W_0——构件换算截面受拉边缘的弹性抵抗矩；

σ_{pc}——扣除全部预应力损失后，由预加力在抗裂验算边缘产生的混凝土预压应力；

γ——混凝土构件的截面抵抗矩塑性影响系数；

γ_m——混凝土构件的截面抵抗矩塑性影响系数基本值，可按正截面应变保持平面的假定，并取受拉区混凝土应力图形为梯形、受拉边缘混凝土极限拉应变为 $2f_{tk}/E_c$ 确定；对常用的截面形状，γ_m 值可按表 3－3 取用；

h——截面高度 (mm)，$h < 400$ 时，取 $h = 400$；$h > 1600$ 时，取 $h = 1600$；对圆形、环形截面，取 $h = 2r$，此处，r 为圆形截面半径或环形截面的外环半径。

注：对预压时预拉区出现裂缝的构件，B_s 应降低 10%。

3.1.9 采用荷载准永久组合计算的刚度

矩形、T 形、倒 T 形和 I 形截面受弯构件考虑荷载长期作用影响的刚度 B 可按下列规定计算：

$$B = \frac{B_s}{\theta}$$

式中　θ——考虑荷载长期作用对挠度增大的影响系数，钢筋混凝土受弯构件，当 $\rho' = 0$ 时，取 $\theta = 2.0$；当 $\rho' = \rho$ 时，取 $\theta = 1.6$；当 ρ' 为中间数值时，θ 按线性内插法取用；此处，$\rho' = A_s'/(bh_0)$，$\rho = A_s/(bh_0)$；对翼缘位于受拉区的倒 T 形截面，θ 应增加 20%；预应力混凝土受弯构件，取 $\theta = 2.0$；

B_s——按荷载准永久组合计算的钢筋混凝土受弯构件，或按标准组合计算的预应力混凝土受弯构件的短期刚度 $\left.\begin{matrix} ▲ \text{ 钢筋混凝土受弯构件} \\ ■ \text{ 预应力混凝土受弯构件} \end{matrix}\right\}$ ：

▲ 钢筋混凝土受弯构件

$$B_s = \frac{E_s A_s h_0^2}{1.15\psi + 0.2 + \dfrac{6\alpha_E \rho}{1+3.5\gamma_f'}}$$

$$\psi = 1.1 - 0.65 \frac{f_{tk}}{\rho_{te}\sigma_s}$$

式中　ψ——裂缝间纵向受拉普通钢筋应变不均匀系数，$\psi < 0.2$ 时，取 $\psi = 0.2$；
　　　　$\psi > 1.0$ 时，取 $\psi = 1.0$；对直接承受重复荷载的构件，取 $\psi = 1.0$；

　　　E_s——钢筋弹性模量，按表 1-12 取值；

　　　A_s——受拉区纵向普通钢筋截面面积；

　　　h_0——截面的有效高度；

　　　α_E——钢筋弹性模量与混凝土弹性模量的比值，即 E_s/E_c；

　　　ρ——纵向受拉钢筋配筋率，对钢筋混凝土受弯构件，取为 (A_s/bh_0)；对预
　　　　　应力混凝土受弯构件，取为 $(\alpha_1 A_p + A_s)/(bh_0)$；对灌浆的后张预应力
　　　　　筋，取 $\alpha_1 = 1.0$；对无黏结后张预应力筋，取 $\alpha = 0.3$；

　　　γ_f'——受压翼缘截面面积与腹板有效截面面积的比值；

　　　f_{tk}——混凝土轴心抗拉强度标准值，按表 1-1 取值；

　　　σ_s——按荷载准永久组合计算的钢筋混凝土构件纵向受拉钢筋应力或按标准
　　　　　组合计算的预应力混凝土构件纵向受拉钢筋等效应力；

　　　ρ_{te}——按有效受拉混凝土截面面积计算的纵向受拉钢筋配筋率，对无黏结后
　　　　　张构件，仅取纵向受拉钢筋计算配筋率；在最大裂缝宽度计算中，当
　　　　　$\rho_{te} < 0.01$ 时，取 $\rho_{te} = 0.01$。

■ 预应力混凝土受弯构件 $\left\{\begin{matrix} ● \text{ 要求不出现裂缝的构件} \\ ● \text{ 允许出现裂缝的构件} \end{matrix}\right.$

● 要求不出现裂缝的构件

$$B_s = 0.85 E_c I_0$$

式中　E_c——混凝土弹性模量，见表 1-3；

　　　I_0——换算截面惯性矩。

● 允许出现裂缝的构件

$$B_s = \frac{0.85 E_c I_0}{\kappa_{cr} + (1-\kappa_{cr})\omega}$$

$$\kappa_{cr} = \frac{M_{cr}}{M_k}$$

$$\omega = \left(1.0 + \frac{0.21}{\alpha_E \rho}\right)(1 + 0.45\gamma_f) - 0.7$$

$$M_{cr} = (\sigma_{pc} + \gamma f_{tk}) W_0$$

$$\gamma_f = \frac{(b_f - b) h_f}{b h_0}$$

$$\gamma = \left(0.7 + \frac{120}{h}\right) \gamma_m$$

式中　　E_c——混凝土弹性模量，见表 1-3；

　　　　h_0——截面的有效高度；

　　　　α_E——钢筋弹性模量与混凝土弹性模量的比值，即 E_s/E_c；

　　　　ρ——纵向受拉钢筋配筋率，对钢筋混凝土受弯构件，取为 (A_s/bh_0)；对预应力混凝土受弯构件，取为 $(\alpha_1 A_p + A_s)/(bh_0)$，对灌浆的后张预应力筋，取 $\alpha_1 = 1.0$，对无黏结后张预应力筋，取 $\alpha_1 = 0.3$；

　　　　I_0——换算截面惯性矩；

　　　　γ_f——受拉翼缘截面面积与腹板有效截面面积的比值；

　　b_f、h_f——受拉区翼缘的宽度、高度；

　　　　κ_{cr}——预应力混凝土受弯构件正截面的开裂弯矩 M_{cr} 与弯矩 M_k 的比值，当 $\kappa_{cr} > 1.0$ 时，取 $\kappa_{cr} = 1.0$；

　　　　M_k——按荷载的标准组合计算的弯矩，取计算区段内的最大弯矩值；

　　　　ω——均匀配置纵向钢筋区段的高度 h_{sw} 与截面有效高度 h_0 的比值 (h_{sw}/h_0)，宜取 h_{sw} 为 $(h_0 - a_s')$；

　　　　f_{tk}——混凝土轴心抗拉强度标准值，按表 1-1 取值；

　　　　b——矩形截面的宽度，T 形截面或 I 形截面的腹板宽度；

　　　　W_0——构件换算截面受拉边缘的弹性抵抗矩；

　　　　σ_{pc}——扣除全部预应力损失后，由预加力在抗裂验算边缘产生的混凝土预压应力；

　　　　γ——混凝土构件的截面抵抗矩塑性影响系数；

　　　　γ_m——混凝土构件的截面抵抗矩塑性影响系数基本值，可按正截面应变保持平面的假定，并取受拉区混凝土应力图形为梯形、受拉边缘混凝土极限拉应变为 $2f_{tk}/E_c$ 确定；对常用的截面形状，γ_m 值可按表 3-3 取用；

　　　　h——截面高度（mm），$h < 400$ 时，取 $h = 400$；$h > 1600$ 时，取 $h = 1600$；对圆形、环形截面，取 $h = 2r$，此处，r 为圆形截面半径或环形截面的外环半径。

　　注：对预压时预拉区出现裂缝的构件，B_s 应降低 10%。

3.2 数据速查

3.2.1 构件受力特征系数 α_{cr}

表 3－1 构件受力特征系数 α_{cr}

类　　型	α_{cr}	
	钢筋混凝土构件	预应力混凝土构件
受弯、偏心受压	1.9	1.5
偏心受拉	2.4	—
轴心受拉	2.7	2.2

3.2.2 钢筋的相对黏结特性系数 v_i

表 3－2 钢筋的相对黏结特性系数 v_i

钢筋类别	钢筋		先张法预应力筋			后张法预应力筋		
	光圆钢筋	带肋钢筋	带肋钢筋	螺旋肋钢丝	钢绞线	带肋钢筋	钢绞线	光面钢丝
v_i	0.7	1.0	1.0	0.8	0.6	0.8	0.5	0.4

注　对环氧树脂涂层带肋钢筋，其相对黏结特性系数应按表中系数的80%取用。

3.2.3 截面抵抗矩塑性影响系数基本值 γ_m

表 3－3 截面抵抗矩塑性影响系数基本值 γ_m

项次	1	2	3		4		5
截面形状	矩形截面	翼缘位于受压区的T形截面	对称I形截面或箱形截面		翼缘位于受拉区的倒T形截面		圆形和环形截面
			$b_f/b \leqslant 2$、h_f/h 为任意值	$b_f/b > 2$、h_f/h <0.2	$b_f/b \leqslant 2$、h_f/h 为任意值	$b_f/b > 2$、h_f/h <0.2	
γ_m	1.55	1.50	1.45	1.35	1.50	1.40	$1.6-0.24r_1/r$

注　1. 对 $b_f' > b_f$ 的I形截面，可按项次2与项次3之间的数值采用；对 $b_f' < b_f$ 的I形截面，可按项次3与项次4之间的数值采用。

　　2. 对于箱形截面，b 系指各肋宽度的总和。

　　3. r_1 为环形截面的内环半径，对圆形截面取 r_1 为零。

4

其他结构构件计算

4.1　公式速查

4.1.1　集中荷载作用点的附加钢筋计算

位于梁下部或梁截面高度范围内的集中荷载，应全部由附加横向钢筋承担；附加横向钢筋宜采用箍筋。

箍筋应布置在长度为 $2h_1$ 与 $3b$ 之和的范围内（如图 4-1 所示）。

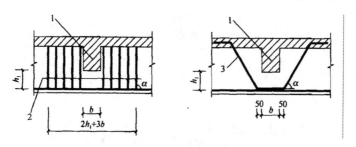

图 4-1　梁截面高度范围内有集中荷载作用时附加横向钢筋的布置（单位 mm）

(a) 附加箍筋；(b) 附加吊筋

1——传递集中荷载的位置；2——附加箍筋；3——附加吊筋

附加横向钢筋所需的总截面面积应符合下列规定：

$$A_{sv} \leqslant \frac{F}{f_{yv}\sin\alpha}$$

式中　A_{sv}——承受集中荷载所需的附加横向钢筋总截面面积，当采用附加吊筋时，A_{sv} 应为左、右弯起段截面面积之和；

F——作用在梁的下部或梁截面高度范围内的集中荷载设计值；

f_{yv}——箍筋的抗拉强度设计值；

α——附加横向钢筋与梁轴线间的夹角。

4.1.2　梁内弯折处的附加钢筋计算

折梁的内折角处应增设箍筋（如图 4-2 所示）。箍筋应能承受未在压区锚固纵向受拉钢筋的合力，且在任何情况下不应小于全部纵向钢筋合力的 35%。

由箍筋承受的纵向受拉钢筋的合力按下列公式计算。

（1）未在受压区锚固的纵向受拉钢筋的合力 N_{s1} 的计算公式为：

$$N_{s1} = 2f_y A_{s1} \cos\frac{\alpha}{2}$$

式中　A_{s1}——未在受压区锚固的纵向受拉钢筋的截面面积；

f_y——普通钢筋的抗拉强度设计值；

α——构件的内折角。

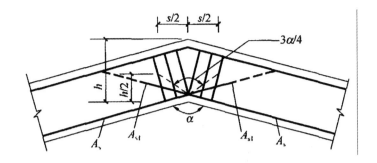

图 4-2 折梁内折角处的配筋

（2）全部纵向受拉钢筋合力的 35％为：

$$N_{s2} = 0.7 f_y A_s \cos \frac{\alpha}{2}$$

式中 A_s——全部纵向受拉钢筋的截面面积；

f_y——普通钢筋的抗拉强度设计值；

α——构件的内折角。

按上述条件求得的箍筋应设置在长度 s 等于 $h\tan(3\alpha/8)$ 的范围内。

4.1.3 顶层端节点处梁上部纵向钢筋的截面面积计算

顶层端节点处梁上部纵向钢筋的截面面积 A_s 应符合下列规定：

$$A_s \leqslant \frac{0.35 \beta_c f_c b_b h_0}{f_y}$$

式中 b_b——梁腹板宽度；

h_0——梁截面有效高度；

β_c——混凝土强度影响系数，混凝土强度等级不超过 C50 时，β_c 取 1.0；混凝土强度等级为 C80 时，β_c 取 0.8；其间按线性内插法确定；

f_c——混凝土轴心抗压强度设计值，按表 1-2 取值；

f_y——普通钢筋的抗拉强度设计值。

4.1.4 牛腿的截面尺寸

对于 a 不大于 h_0 的柱牛腿（如图 4-3 所示），其截面尺寸应符合下列要求：

（1）根据牛腿的裂缝控制要求：

$$F_{vk} \leqslant \beta \left(1 - 0.5 \frac{F_{hk}}{F_{vk}}\right) \frac{f_{tk} b h_0}{0.5 + \dfrac{a}{h_0}}$$

式中 F_{vk}——作用于牛腿顶部按荷载效应标准组合计算的竖向力值；

F_{hk}——作用于牛腿顶部按荷载效应标准组合计算的水平拉力值；

β——裂缝控制系数，支承吊车梁的牛腿取 0.65；其他牛腿取 0.80；

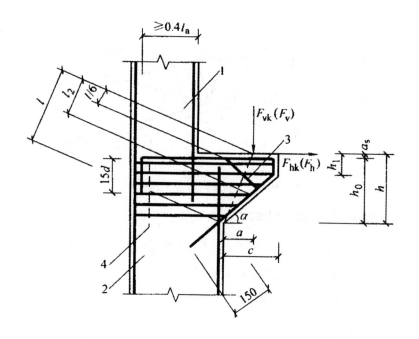

图 4 - 3　牛腿的外形及钢筋配置（单位 mm）

1——上柱；2——下柱；3——弯起钢筋；4——水平箍筋

f_{tk}——混凝土轴心抗拉强度标准值，按表 1-1 取值；

a——竖向力作用点至下柱边缘的水平距离，应考虑安装偏差 20mm；当考虑安装偏差后的竖向力作用点仍位于下柱截面以内时取等于 0；

b——牛腿宽度；

h_0——牛腿与下柱交接处的垂直截面有效高度，取 $h_1-a_s+c \cdot \tan\alpha$，当 α 大于 45°时，取 45°，c 为下柱边缘到牛腿外边缘的水平长度。

（2）牛腿的外边缘高度 h_1 不应小于 $h/3$，且不应小于 200mm。

（3）在牛腿顶受压面上，竖向力 F_{vk} 所引起的局部压应力不应超过 $0.75f_c$。

4.1.5　牛腿中纵向受力钢筋的总截面面积计算

在牛腿中，由承受竖向力所需的受拉钢筋截面面积和承受水平拉力所需的锚筋截面面积所组成的纵向受力钢筋的总截面面积 A_s，应符合下列规定：

$$A_s \geqslant \frac{F_v a}{0.85 f_y h_0} + 1.2 \frac{F_h}{f_y}$$

（a 小于 $0.3h_0$ 时，取 a 等于 $0.3h_0$）

式中　F_v——作用在牛腿顶部的竖向力设计值；

a——竖向力作用点至下柱边缘的水平距离，应考虑安装偏差 20mm；当考虑安装偏差后的竖向力作用点仍位于下柱截面以内时取等于 0；

h_0——牛腿与下柱交接处的垂直截面有效高度，取 $h_1-a_s+c\cdot\tan\alpha$，当 α 大于 45°时，取 45°，c 为下柱边缘到牛腿外边缘的水平长度；

F_h——作用在牛腿顶部的水平拉力设计值；

f_y——普通钢筋的抗拉强度设计值。

4.1.6 直锚筋预埋件的总截面面积计算

由锚板和对称配置的直锚筋所组成的受力预埋件（如图 4-4 所示），其锚筋的总截面面积 A_s 应符合下列规定。

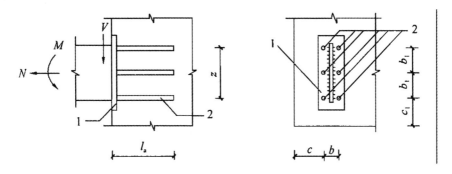

图 4-4 由锚板和直锚筋组成的预埋件

1——锚板；2——直锚筋

（1）当有剪力、法向拉力和弯矩共同作用时，应按下列两个公式计算，并取其中的较大值：

$$A_s\geqslant\frac{v}{\alpha_r\alpha_v f_y}+\frac{N}{0.8\alpha_b f_y}+\frac{M}{1.3\alpha_r\alpha_b f_y z}$$

$$A_s\geqslant\frac{N}{0.8\alpha_b f_y}+\frac{M}{0.4\alpha_r\alpha_b f_y z}$$

$$\alpha_v=(4.0-0.08d)\sqrt{\frac{f_c}{f_y}}$$

$$\alpha_b=0.6+0.25\frac{t}{d}$$

（当 α_v 大于 0.7 时，取 0.7；当采取防止锚板弯曲变形的措施时，可取 $\alpha_b=1.0$）

式中　f_y——锚筋的抗拉强度设计值，按表 1-9 采用，但不应大于 300MPa；

V——剪力设计值；

N——法向拉力或法向压力设计值，法向压力设计值不应大于 $0.5f_c A$，此处，A 为锚板的面积；

M——弯矩设计值；

α_r——锚筋层数的影响系数，当锚筋按等间距布置时；两层取 1.0；三层取

0.9；四层取 0.85；

α_v——锚筋的受剪承载力系数；

f_c——混凝土轴心抗压强度设计值，按表 1-2 取值；

d——锚筋直径；

α_b——锚板的弯曲变形折减系数；

t——锚板厚度；

z——沿剪力作用方向最外层锚筋中心线之间的距离。

（2）当有剪力、法向压力和弯矩共同作用时，应按下列两个公式计算，并取其中的较大值：

$$A_s \geqslant \frac{V-0.3N}{\alpha_r \alpha_v f_y} + \frac{M-0.4Nz}{1.3\alpha_r \alpha_b f_y z}$$

$$A_s \geqslant \frac{M-0.4Nz}{0.4\alpha_r \alpha_b f_y z}$$

$$\alpha_v = (4.0-0.08d)\sqrt{\frac{f_c}{f_y}}$$

$$\alpha_b = 0.6 + 0.25\frac{t}{d}$$

（α_v 大于 0.7 时，取 0.7；当采取防止锚板弯曲变形的措施时，可取 $\alpha_b=1.0$）

式中　f_y——锚筋的抗拉强度设计值，按表 2-2 采用，但不应大于 300MPa；

V——剪力设计值；

N——法向拉力或法向压力设计值，法向压力设计值不应大于 $0.5f_cA$，此处，A 为锚板的面积；

M——弯矩设计值；

α_r——锚筋层数的影响系数，锚筋按等间距布置时，两层取 1.0；三层取 0.9；四层取 0.85；

α_v——锚筋的受剪承载力系数；

f_c——混凝土轴心抗压强度设计值，按表 1-2 取值；

d——锚筋直径；

α_b——锚板的弯曲变形折减系数；

t——锚板厚度；

z——沿剪力作用方向最外层锚筋中心线之间的距离。

4.1.7　弯折锚筋预埋件的截面面积计算

由锚板和对称配置的弯折锚筋及直锚筋共同承受剪力的预埋件（如图 4-5 所示），其弯折锚筋的截面面积 A_{sb} 应符合下列规定：

$$A_{sb} \geqslant 1.4\frac{V}{f_y} - 1.25\alpha_v A_s$$

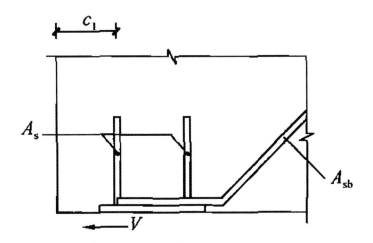

图 4-5　由锚板和弯折锚筋及直锚筋组成的预埋件

$$\alpha_v = (4.0 - 0.08d)\sqrt{\frac{f_c}{f_y}}$$

式中　V——剪力设计值；

　　　f_y——锚筋的抗拉强度设计值，按表 1-9 取值；

　　　f_c——混凝土轴心抗压强度设计值，按表 1-2 取值；

　　　d——锚筋直径；

　　　α_v——系数，α_v 大于 0.7 时，取 0.7；

　　　A_s——全部纵向受拉钢筋的截面面积；直锚筋按构造要求设置时，A_s 应取
　　　　　　　为 0。

　　注：弯折锚筋与钢板之间的夹角不宜小于 15°，也不宜大于 45°。

4.1.8　钢筋混凝土深受弯构件正截面受弯承载力计算

钢筋混凝土深受弯构件的正截面受弯承载力应符合下列规定：

$$M \leqslant f_y A_s z$$
$$z = \alpha_d (h_0 - 0.5x)$$
$$\alpha_d = 0.8 + 0.04 \frac{l_0}{h}$$

（$l_0 < h$ 时，取内力臂 $z = 0.6 l_0$）

式中　A_s——全部纵向受拉钢筋的截面面积，当直锚筋按构造要求设置时，A_s 应取
　　　　　　　为 0；

　　　f_y——锚筋的抗拉强度设计值，按表 1-9 取值；

　　　z——沿剪力作用方向最外层锚筋中心线之间的距离；

　　　x——截面受压区高度，当 $x < 0.2h_0$ 时，取 $x = 0.2h_0$；

　　　h_0——梁截面有效高度，$h_0 = h - a_s$，其中 h 为截面高度；$l_0/h \leqslant 2$ 时，跨中

截面 a_s 取 $0.1h$，支座截面 a_s 取 $0.2h$；$l_0/h > 2$ 时，a_s 按受拉区纵向钢筋截面重心至受拉边缘的实际距离取用；

l_0——计算跨度；

h——截面高度。

4.1.9 钢筋混凝土深受弯构件受剪承载力计算

钢筋混凝土深受弯构件的受剪截面应符合下列条件。

（1）当 $h_w/b \leqslant 4$ 时：

$$V \leqslant \frac{1}{60}(10 + l_0/h)\beta_c f_c b h_0$$

式中 V——剪力设计值；

l_0——计算跨度，当 l_0 小于 $2h$ 时，取 $2h$；

b——矩形截面的宽度以及 T 形、I 形截面的腹板厚度；

h、h_0——截面高度、截面有效高度；

h_w——截面的腹板高度，矩形截面，取有效高度 h_0；T 形截面，取有效高度减去翼缘高度；I 形和箱形截面，取腹板净高；

β_c——混凝土强度影响系数，混凝土强度等级不超过 C50 时，β_c 取 1.0；混凝土强度等级为 C80 时，β_c 取 0.8；其间按线性内插法确定；

f_c——混凝土轴心抗压强度设计值，按表 1-2 采用。

（2）当 $h_w/b \geqslant 6$ 时：

$$V \leqslant \frac{1}{60}(7 + l_0/h)\beta_c f_c b h_0$$

式中 V——剪力设计值；

l_0——计算跨度，当 l_0 小于 $2h$ 时，取 $2h$；

b——矩形截面的宽度以及 T 形、I 形截面的腹板厚度；

h、h_0——截面高度、截面有效高度；

h_w——截面的腹板高度，矩形截面，取有效高度 h_0；T 形截面，取有效高度减去翼缘高度；I 形和箱形截面，取腹板净高；

β_c——混凝土强度影响系数，混凝土强度等级不超过 C50 时，β_c 取 1.0；混凝土强度等级为 C80 时，β_c 取 0.8；其间按线性内插法确定；

f_c——混凝土轴心抗压强度设计值，按表 1-2 采用。

（3）$4 < h_w/b < 6$ 时，按线性内插法取用。

式中 b——矩形截面的宽度以及 T 形、I 形截面的腹板厚度；

h_w——截面的腹板高度，矩形截面，取有效高度 h_0；T 形截面，取有效高度减去翼缘高度；I 形和箱形截面，取腹板净高。

4.1.10 矩形、T 形和 I 形截面深受弯构件斜截面受剪承载力计算

矩形、T 形和 I 形截面的深受弯构件，在均布荷载作用下，当配有竖向分布钢

筋和水平分布钢筋时，其斜截面的受剪承载力应符合下列规定：

$$V \leqslant 0.7 \frac{(8-l_0/h)}{3} f_t b h_0 + \frac{(l_0/h-2)}{3} f_{yv} \frac{A_{sv}}{S_h} h_0 + \frac{5-l_0/h}{6} f_{yh} \frac{A_{sh}}{S_v} h_0$$

式中 l_0/h——跨高比，当 l_0/h 小于 2 时，取 2.0；

f_t——混凝土轴心抗拉强度设计值；

b——矩形截面的宽度以及 T 形、I 形截面的腹板厚度；

h_0——截面有效高度；

f_{yv}——箍筋的抗拉强度设计值；

A_{sv}——配置在同一截面内箍筋各肢的全部截面面积，即 nA_{sv1}，此处，n 为在同一个截面内箍筋的肢数，A_{sv1} 为单肢箍筋的截面面积；

s_v——水平分布钢筋的竖向间距；

s_h——竖向分布钢筋的竖向间距；

A_{sh}——配置在同一水平截面内的水平分布钢筋的全部截面面积。

对集中荷载作用下的深受弯构件（包括作用有多种荷载，且其中集中荷载对支座截面所产生的剪力值占总剪力值的 75% 以上的情况），其斜截面的受剪承载力应符合下列规定：

$$V \leqslant \frac{1.75}{\lambda+1} f_t b h_0 + \frac{(l_0/h-2)}{3} f_{yv} \frac{A_{sv}}{S_h} h_0 + \frac{(5-l_0/h)}{6} f_{yh} \frac{A_{sh}}{S_v} h_0$$

式中 λ——计算剪跨比，当 l_0/h 不大于 2.0 时，取 =0.25；当 l_0/h 大于 2 且小于 5 时，取 $\lambda=a/h_0$，其中，a 为集中荷载到深受弯构件支座的水平距离；λ 的上限值为 $(0.92l_0/h-1.58)$，下限值为 $(0.42l_0/h-0.58)$；

l_0/h——跨高比，当 l_0/h 小于 2 时，取 2.0；

f_t——混凝土轴心抗拉强度设计值；

b——矩形截面的宽度以及 T 形、I 形截面的腹板厚度；

h_0——截面有效高度；

f_{yv}——箍筋的抗拉强度设计值；

A_{sv}——配置在同一截面内箍筋各肢的全部截面面积，即 nA_{sv1}，此处，n 为在同一个截面内箍筋的肢数，A_{sv1} 为单肢箍筋的截面面积；

s_v——水平分布钢筋的竖向间距；

s_h——竖向分布钢筋的竖向间距；

A_{sh}——配置在同一水平截面内的水平分布钢筋的全部截面面积。

4.1.11 一般要求不出现斜裂缝的钢筋混凝土深梁

一般要求不出现斜裂缝的钢筋混凝土深梁，应符合下列条件：

$$V_k \leqslant 0.5 f_{tk} b h_0$$

式中 V_k——按荷载效应的标准组合计算的剪力值；

f_{tk}——混凝土轴心抗拉强度标准值，按表 1-1 取值；

　　b——矩形截面的宽度以及 T 形、I 形截面的腹板厚度；

　　h_0——截面有效高度。

4.1.12　深梁承受集中荷载作用时的附加吊筋水平分布长度计算

深梁全跨沿下边缘作用有均布荷载时，应沿梁全跨均匀布置附加竖向吊筋，吊筋间距不宜大于 200mm。

有集中荷载作用于深梁下部 3/4 高度范围内时，该集中荷载应全部由附加吊筋承受，吊筋应采用竖向吊筋或斜向吊筋。竖向吊筋的水平分布长度 s 应按下列公式确定［如图 4-6（a）所示］。

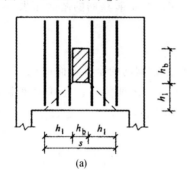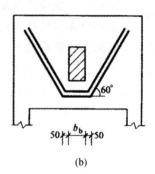

(a)　　　　　　　　　　(b)

图 4-6　深梁承受集中荷载作用时的附加吊筋（单位 mm）

(a) 竖向吊筋；(b) 斜向吊筋

（1）当 h_1 不大于 $h_b/2$ 时：

$$s = b_b + h_b$$

式中　b_b——传递集中荷载构件的截面宽度；

　　　h_b——传递集中荷载构件的截面高度。

（2）当 h_1 大于 $h_b/2$ 时：

$$s = b_b + 2h_1$$

式中　b_b——传递集中荷载构件的截面宽度；

　　　h_1——从深梁下边缘到传递集中荷载构件底边的高度。

4.1.13　预制构件和叠合构件的正截面受弯承载力计算

弯矩设计值应按下列规定取用。

（1）预制构件：

$$M_1 = M_{1G} + M_{1Q}$$

式中　M_{1G}——预制构件自重、预制楼板自重和叠合层自重在计算截面产生的弯矩设计值；

M_{1Q}——第一阶段施工活荷载在计算截面产生的弯矩设计值。

（2）叠合构件的正弯矩区段：

$$M=M_{1G}+M_{2G}+M_{2Q}$$

式中 M_{1G}——预制构件自重、预制楼板自重和叠合层自重在计算截面产生的弯矩设计值；

M_{2G}——第二阶段面层、吊顶等自重在计算截面产生的弯矩设计值；

M_{2Q}——第二阶段可变荷载在计算截面产生的弯矩设计值，取本阶段施工活荷载和使用阶段可变荷载在计算截面产生的弯矩设计值中的较大值。

（3）叠合构件的负弯矩区段：

$$M=M_{2G}+M_{2Q}$$

式中 M_{2G}——第二阶段面层、吊顶等自重在计算截面产生的弯矩设计值；

M_{2Q}——第二阶段可变荷载在计算截面产生的弯矩设计值，取本阶段施工活荷载和使用阶段可变荷载在计算截面产生的弯矩设计值中的较大值。

4.1.14 预制构件和叠合构件的斜截面受剪承载力计算

剪力设计值应按下列公式取用。

（1）预制构件：

$$V_1=V_{1G}+V_{1Q}$$

式中 V_{1G}——预制构件自重、预制楼板自重和叠合层自重在计算截面产生的剪力设计值；

V_{1Q}——第一阶段施工活荷载在计算截面产生的剪力设计值。

（2）叠合构件：

$$V=V_{1G}+V_{2G}+V_{2Q}$$

式中 V_{1G}——预制构件自重、预制楼板自重和叠合层自重在计算截面产生的剪力设计值；

V_{2G}——第二阶段面层、吊顶等自重在计算截面产生的剪力设计值；

V_{2Q}——第二阶段可变荷载在计算截面产生的剪力设计值，取本阶段施工活荷载和使用阶段可变荷载在计算截面产生的剪力设计值中的较大值。

4.1.15 纵向受拉钢筋的应力计算

钢筋混凝土叠合式受弯构件在荷载准永久组合下，其纵向受拉钢筋的应力应符合下列规定：

$$\sigma_{sq}\leqslant 0.9f_y$$

$$\sigma_{sq}=\sigma_{s1k}+\sigma_{s2q}$$

$$\sigma_{s1k}=\frac{M_{1Gk}}{0.87A_sh_{01}}$$

$$\sigma_{s2q} = \frac{0.5\left(1+\dfrac{h_1}{h}\right)M_{2q}}{0.87A_s h_0}$$

式中　f_y——普通钢筋抗拉强度设计值，按表 1-9 取值；

　　　σ_{s2q}——在弯矩 M_{1Gk} 作用下，预制构件纵向受拉钢筋的应力；

　　　A_s——在荷载冷永久组合相应的弯矩 M_{2q} 作用下，叠合构件纵向受拉钢筋中的应力增量；

　　　A_s——受拉区纵向钢筋截面面积；

　　　h_0——截面的有效高度；

　　　h——截面高度；

　　　h_1——从构件下边缘到传递集中荷载构件底边的高度；

　　　h_{01}——预制构件截面有效高度。

$M_{1Gk} < 0.35M_{1u}$ 时，上式中的 $0.5\left(1+\dfrac{h_1}{h}\right)$ 值应取等于 1.0；此处 M_{1u} 为预制构件正截面受弯承载力设计值，应按相关规定计算，但式中应取等号，并以 M_{1u} 代替 M。

4.1.16　混凝土叠合构件的最大裂缝宽度

钢筋混凝土叠合构件应验算裂缝宽度，按荷载准永久组合或标准组合并考虑长期利用影响的最大裂缝宽度 w_{max} 按下式计算。

（1）钢筋混凝土构件：

$$w_{max} = 2\frac{\psi(\sigma_{s1k}+\sigma_{s2q})}{E_s}\left(1.9c+0.08\frac{d_{eq}}{\rho_{te1}}\right)$$

$$\psi = 1.1 - \frac{0.65 f_{tk1}}{\rho_{te1}\sigma_{s1k} + \rho_{te}\sigma_{s2q}}$$

$$d_{eq} = \frac{\sum n_i d_i^2}{\sum n_i \nu_i d_i}$$

$$\rho_{te} = \frac{A_s + A_p}{A_{te}}$$

式中　ψ——裂缝间纵向受拉钢筋应变不均匀系数；

　　　σ_{s1k}——在弯矩 M_{1Gk} 作用下，预制构件纵向受拉钢筋的应力；

　　　σ_{s2q}——在荷载冷永久组合相应的弯矩 M_{2q} 作用下，叠合构件纵向受拉钢筋中的应力增量；

　　　E_s——预应力钢筋弹性模量，按表 1-12 取值；

　　　c——斜截面的水平投影长度，可近似取为 h_0；

　　　d_{eq}——受拉区纵向钢筋的等效直径；

　　　ρ_{te1}、ρ_{te}——按预制构件、叠合构件的有效受拉混凝土截面面积计算的纵向受拉钢筋配筋率；

f_{tk1}——预制构件的混凝土抗拉强度标准；

d_i——受拉区第 i 种纵向钢筋的公称直径；对于有黏结预应力钢绞线束的直径取值，其中 d_{p1} 为单根钢绞线的公称直径，n_1 为单束钢绞线根数；

n_i——受拉区第 i 种纵向钢筋的根数；对于有黏结预应力钢绞线，取为钢绞线束数；

v_i——受拉区第 i 种纵向钢筋的相对黏结特性系数，按表 3-2 取值；

A_{te}——有效受拉混凝土截面面积，对轴心受拉构件，取构件截面面积；对受弯、偏心受压和偏心受拉构件，取 $A_{te}=0.5bh+(b_f-b)h_f$，此处，b_f、h_f 为受拉翼缘的宽度、高度；

A_s——受拉区纵向钢筋截面面积；

A_p——受拉区纵向预应力筋截面面积。

（2）预应力混凝土构件：

$$w_{max}=1.6\frac{\psi(\sigma_{s1k}+\sigma_{s2k})}{E_s}\left(1.9c+0.08\frac{d_{eq}}{\rho_{te1}}\right)$$

$$\psi=1.1-\frac{0.65f_{tk1}}{\rho_{te1}\sigma_{s1k}+\rho_{te}\sigma_{s2k}}$$

$$d_{eq}=\frac{\sum n_i d_i^2}{\sum n_i \nu_i d_i}$$

$$\rho_{te}=\frac{A_s+A_p}{A_{te}}$$

式中 ψ——裂缝间纵向受拉钢筋应变不均匀系数；

σ_{s1k}——在弯矩 M_{1Gk} 作用下，预制构件纵向受拉钢筋的应力；

σ_{s2q}——在荷载冷永久组合相应的弯矩 M_{2q} 作用下，叠合构件纵向受拉钢筋中的应力增量；

E_s——预应力钢筋弹性模量，按表 1-12 取值；

c——斜截面的水平投影长度，可近似取为 h_0；

d_{eq}——受拉区纵向钢筋的等效直径；

ρ_{te1}、ρ_{te}——按预制构件、叠合构件的有效受拉混凝土截面面积计算的纵向受拉钢筋配筋率；

f_{tk1}——预制构件的混凝土抗拉强度标准；

d_i——受拉区第 i 种纵向钢筋的公称直径；对于有黏结预应力钢绞线束的直径取值，其中 d_{p1} 为单根钢绞线的公称直径，n_1 为单束钢绞线根数；

n_i——受拉区第 i 种纵向钢筋的根数；对于有黏结预应力钢绞线，取为钢绞线束数；

v_i——受拉区第 i 种纵向钢筋的相对黏结特性系数，按表 3-2 取值；

A_{te}——有效受拉混凝土截面面积，对轴心受拉构件，取构件截面面积；对受弯、偏心受压和偏心受拉构件，取 $A_{te}=0.5bh+(b_f-b)h_f$，此处，b_f、h_f 为受拉翼缘的宽度、高度；

A_s——受拉区纵向钢筋截面面积；

A_p——受拉区纵向预应力筋截面面积。

4.1.17 叠合构件的刚度计算

叠合式受弯构件按荷载准永久组合或标准组合并考虑荷载长期作用影响的刚度可按下列公式计算。

（1）钢筋混凝土构件：

$$B=\frac{M_q}{\left(\dfrac{B_{s2}}{B_{s1}}-1\right)M_{1Gk}+\theta M_q}B_{s2}$$

$$B_{s1}=\frac{E_s A_s h_0^2}{1.15\psi+0.2+\dfrac{6\alpha_E\rho}{1+3.5\gamma_f'}}$$

$$\psi=1.1-0.65\frac{f_{tk}}{\rho_{te}\sigma_s}$$

$$B_{s2}=\frac{E_s A_s h_0^2}{0.7+0.6\dfrac{h_0}{h}+\dfrac{45\alpha_E\rho}{1+3.5\gamma_f'}}$$

式中　θ——考虑荷载长期作用对挠度增大的影响系数，钢筋混凝土受弯构件，$\rho'=0$ 时，取 $\theta=2.0$；$\rho'=\rho$ 时，取 $\theta=1.6$；当 ρ' 为中间数值时，θ 按线性内插法取用，此处，$\rho'=A_s'/(bh_0)$、$\rho=A_s/(bh_0)$；对翼缘位于受拉区的倒 T 形截面，θ 应增加 20%；预应力混凝土受弯构件，取 $\theta=2.0$；

M_{1Gk}——预制构件自重、预制楼板自重和叠合层自重标准值在计算截面产生的弯矩值；

M_q——叠合构件按荷载效应的准永久组合计算的弯矩值；

B_{s1}——预制构件的短期刚度；

B_{s2}——叠合构件第二阶段的短期刚度；

ψ——裂缝间纵向受拉普通钢筋应变不均匀系数，当 $\psi<0.2$ 时，取 $\psi=0.2$；当 $\psi>1.0$ 时，取 $\psi=1.0$；对直接承受重复荷载的构件，取 $\psi=1.0$；

f_{tk}——混凝土轴心抗拉强度标准值，按表 1-1 取值；

σ_s——按荷载准永久组合计算的钢筋混凝土构件纵向受拉钢筋应力或按标准组合计算的预应力混凝土构件纵向受拉钢筋等效应力；

ρ_{te}——按有效受拉混凝土截面面积计算的纵向受拉钢筋配筋率，对无黏结后张构件，仅取纵向受拉钢筋计算配筋率；在最大裂缝宽度计算中，当 $\rho_{te}<0.01$ 时，取 $\rho_{pe}=0.01$；

E_s——预应力钢筋弹性模量,按表 1-12 取值;

A_s——受拉区纵向钢筋截面面积;

h_0——截面有效高度;

h——构件截面的高度;

h_1——从构件下边缘到传递集中荷载构件底边的高度;

α_E——钢筋弹性模量与叠合层混凝土弹性模量的比值:$\alpha_E = E_s / E_{c2}$;

ρ——纵向受拉钢筋配筋率;

γ_f'——受压翼缘截面面积与腹板有效截面面积的比值。

(2)预应力混凝土构件:

$$B = \frac{M_k}{\left(\dfrac{B_{s2}}{B_{s1}} - 1\right) M_{1Gk} + (\theta - 1) M_q + M_k} B_{s2}$$

$$M_k = M_{1Gk} + M_{2k}$$

$$M_q = M_{1Gk} + M_{2Gk} + \psi_q M_{2Qk}$$

$$B_{S1} = 0.85 E_c I_0$$

$$B_{s2} = 0.7 E_{c1} I_0$$

式中 θ——考虑荷载长期作用对挠度增大的影响系数,钢筋混凝土受弯构件,$\rho' = 0$ 时,取 $\theta = 2.0$;$\rho' = p$ 时,取 $\theta = 1.6$;ρ' 为中间数值时,θ 按线性内插法取用,此处,$\rho' = A_s'/(bh_0)$、$\rho = A_s/(bh_0)$ 对翼缘位于受拉区的倒 T 形截面,θ 应增加 20%;预应力混凝土受弯构件,取 $\theta = 2.0$;

M_{1Gk}——预制构件自重、预制楼板自重和叠合层自重标准值在计算截面产生的弯矩值;

M_{2k}——第二阶段荷载标准组合下在计算截面上产生的弯矩值,取 $M_{2k} = M_{2Gk} + M_{2Qk}$,此处,$M_{2Gk}$ 为面层、吊顶等自重标准值在计算截面产生的弯矩值;M_{2Qk} 为使用阶段可变荷载标准值在计算截面产生的弯矩值;

M_k——叠合构件按荷载效应的标准组合计算的弯矩值;

M_q——叠合构件按荷载效应的准永久组合计算的弯矩值;

B_{s1}——预制构件的短期刚度;

B_{s2}——叠合构件第二阶段的短期刚度;

ψ_q——第二阶段可变荷载的准永久值系数;

E_c——混凝土弹性模量,见表 1-3;

E_{c1}——预制构件的混凝土弹性模量;

I_0——叠合构件换算截面的惯性矩,此时,叠合层的混凝土截面面积应按弹性模量比换算成预制构件混凝土的截面面积。

4.2 数据速查

4.2.1 现浇钢筋混凝土板的最小厚度

表 4-1   现浇钢筋混凝土板的最小厚度

板 的 类 别		最 小 厚 度/mm
单向板	屋面板	60
	民用建筑楼板	60
	工业建筑楼板	70
	行车道下的楼板	80
双 向 板		80
密肋楼盖	面板	50
	肋高	250
悬臂板（根部）	悬臂长度不大于500mm	60
	悬臂长度1200mm	100
无梁楼板		150
现浇空心楼盖		200

4.2.2 深梁中钢筋的最小配筋百分率

表 4-2   深梁中钢筋的最小配筋百分率

钢 筋 种 类	纵向受拉钢筋/%	水平分布钢筋/%	竖向分布钢筋/%
HPB300	0.25	0.25	0.20
HRB400、HRBF400、RRB400、HRB335、HRBF335	0.20	0.20	0.15
HRB500、HRBF500	0.15	0.15	0.10

注 集中荷载作用于连续深梁上部1/4高度范围内且l_0/h大于1.5时，竖向分布钢筋最小配筋百分率应增加0.05。

5

预应力混凝土结构计算

5.1 公式速查

5.1.1 张拉控制应力

预应力筋的张拉控制应力 σ_{con} 应符合下列规定，且不宜小于 $0.4f_{ptk}$：

（1）消除应力钢丝、钢绞线：

$$\sigma_{con} \leqslant 0.75 f_{ptk}$$

式中 f_{ptk}——预应力筋极限强度标准值。

（2）中强度预应力钢丝：

$$\sigma_{con} \leqslant 0.70 f_{ptk}$$

式中 f_{ptk}——预应力筋极限强度标准值。

（3）预应力螺纹钢筋：

$$\sigma_{con} \leqslant 0.85 f_{pyk}$$

式中 f_{pyk}——预应力螺纹钢筋屈服强度标准值。

5.1.2 锚固损失

张拉端锚固时，由于锚具变形和预应力筋内缩引起的预应力损失称为锚固损失。圆弧形曲线预应力钢筋的预应力损失如图 5-1 所示。

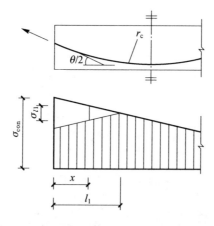

图 5-1 圆弧形曲线预应力筋的预应力损失 σ_{l1}

（1）直线预应力筋由于锚具变形和预应力筋内缩引起的预应力损失值 σ_{l1} 应按下列公式计算：

$$\sigma_{l1} = \frac{a}{l} E_s$$

式中 a——张拉端锚具变形和预应力筋内缩值（mm），可按表 5-1 取值；

$\quad\quad l$——张拉端至锚固端之间的距离（mm）；

$\quad\quad E_s$——预应力钢筋弹性模量，按表 1-12 取值。

块体拼成的结构，其预应力损失尚应计及块体间填缝的预压变形。当采用混凝土或砂浆为填缝材料时，每条填缝的预压变形值可取为 1mm。

（2）后张法构件曲线预应力筋的锚具损失，当其对应的圆心角 $\theta \leqslant 45°$ 时（对无黏结预应力筋 $\theta \leqslant 90°$），可按下式计算：

$$\sigma_{l1} = 2\sigma_{con} l_f \left(\frac{\mu}{r_c} + \kappa \right) \left(1 - \frac{x}{l_f} \right)$$

$$l_f = \sqrt{\frac{a E_s}{1000 \sigma_{con} (\mu/r_c + \kappa)}}$$

式中 σ_{con}——预应力筋的张拉控制应力；

$\quad\quad l_f$——反向摩擦影响长度（m）；

$\quad\quad r_c$——圆弧形曲线预应力筋的曲率半径（m）；

$\quad\quad \mu$——预应力筋与孔道壁之间的摩擦系数，按表 5-2 取值；

$\quad\quad \kappa$——考虑孔道每米长度局部偏差的摩擦系数，按表 5-2 取值；

$\quad\quad x$——张拉端至计算截面的距离（m）；

$\quad\quad a$——张拉端锚具变形和预应力筋内缩值（mm），按表 5-1 取值；

$\quad\quad E_s$——预应力弹性模量。

（3）端部为直线（直线长度为 l_0），而后由两条圆弧形曲线（圆弧对应的圆心角 $\theta \leqslant 45°$，对无黏结预应力筋取 $\theta \leqslant 90°$）组成的预应力筋（如图 5-2 所示），预应力损失值 σ_{l1} 可按下列公式计算。

① 当 $x \leqslant l_0$ 时：

$$\sigma_{l1} = 2 i_1 (l_1 - l_0) + 2 i_2 (l_f - l_1)$$

$$l_f = \sqrt{\frac{a E_s}{1000 i_2} - \frac{i_1 (l_1^2 - l_0^2)}{i_2} + l_1^2}$$

$$i_1 = \sigma_a (\kappa + \mu/r_{c1})$$

$$i_2 = \sigma_b (\kappa + \mu/r_{c2})$$

式中 l_1——预应力筋张拉端起点至反弯点的水平投影长度；

$\quad\quad l_f$——反向摩擦影响长度；

$\quad\quad l_0$——直线长度；

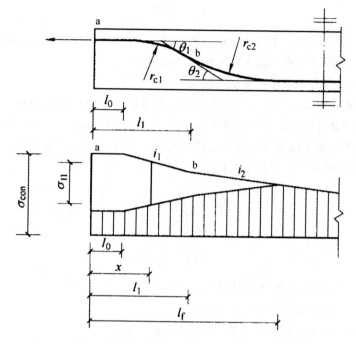

图 5-2　两条圆弧形曲线组成的预应力筋的预应力损失

i_1、i_2——第一、二段圆弧曲线预应力筋中应力近似直线变化的斜率；

x——张拉端至计算截面的距离；

a——张拉端锚具变形和预应力筋内缩值（mm），按表 5-1 取值；

E_s——预应力弹性模量；

μ——预应力筋与孔道壁之间的摩擦系数，按表 5-2 取值；

κ——考虑孔道每米长度局部偏差的摩擦系数，按表 5-2 取值；

r_{c1}、r_{c2}——第一、二段圆弧曲线预应力筋的曲率半径；

σ_a、σ_b——预应力筋在 a、b 点的应力。

②当 $l_0 < x \leqslant l_1$ 时：

$$\sigma_{l1} = 2i_1(l_1 - x) + 2i_2(l_f - l_1)$$

$$l_f = \sqrt{\dfrac{aE_s}{1000i_2} - \dfrac{i_1(l_1^2 - l_0^2)}{i_2} + l_1^2}$$

$$i_1 = \sigma_a(\kappa + \mu/r_{c1})$$

$$i_2 = \sigma_b(\kappa + \mu/r_{c2})$$

式中　l_1——预应力筋张拉端起点至反弯点的水平投影长度；

l_f——反向摩擦影响长度；

l_0——直线长度；

i_1、i_2——第一、二段圆弧曲线预应力筋中应力近似直线变化的斜率；

x——张拉端至计算截面的距离；

a——张拉端锚具变形和预应力筋内缩值（mm），按表 5-1 取值；

E_s——预应力弹性模量；

μ——预应力筋与孔道壁之间的摩擦系数，按表 5-2 取值；

κ——考虑孔道每米长度局部偏差的摩擦系数，按表 5-2 取值；

r_{c1}、r_{c2}——第一、二段圆弧曲线预应力筋的曲率半径；

σ_a、σ_b——预应力筋在 a、b 点的应力。

③当 $l_1 < x \leqslant l_f$ 时：

$$\sigma_{l1} = 2i_2(l_f - x)$$

$$l_f = \sqrt{\frac{aE_s}{1000i_2} - \frac{i_1(l_1^2 - l_0^2)}{i_2} + l_1^2}$$

$$i_1 = \sigma_a(\kappa + \mu/r_{c1})$$

$$i_2 = \sigma_b(\kappa + \mu/r_{c2})$$

式中　l_1——预应力筋张拉端起点至反弯点的水平投影长度；

l_f——反向摩擦影响长度；

l_0——直线长度；

i_1、i_2——第一、二段圆弧曲线预应力筋中应力近似直线变化的斜率；

x——张拉端至计算截面的距离；

a——张拉端锚具变形和预应力筋内缩值（mm），按表 5-1 取值；

E_s——预应力弹性模量；

μ——预应力筋与孔道壁之间的摩擦系数，按表 5-2 取值；

κ——考虑孔道每米长度局部偏差的摩擦系数，按表 5-2 取值；

r_{c1}、r_{c2}——第一、二段圆弧曲线预应力筋的曲率半径；

σ_a、σ_b——预应力筋在 a、b 点的应力。

（4）当折线形预应力筋的锚固损失消失于折点 c 之外时（如图 5-3 所示），预应力损失值 σ_{l1} 可按下列公式计算。

①当 $x \leqslant l_0$ 时：

$$\sigma_{l1} = 2\sigma_1 + 2i_1(xl_1 - l_0) + 2\sigma_2 + 2i_2(l_f - l_1)$$

$$l_f = \sqrt{\frac{aE_s}{1000i_2} - \frac{i_1(l_1 - l_0)^2 + 2i_1l_0(l_1 - l_0) + 2\sigma_1l_0 + 2\sigma_2l_1}{i_2} + l_1^2}$$

$$i_1 = \sigma_{con}(1 - \mu\theta)\kappa$$

$$i_2 = \sigma_{con}[1 - \kappa(l_1 - l_0)](1 - \mu\theta)^2\kappa$$

$$\sigma_1 = \sigma_{con}\mu\theta$$

$$\sigma_2 = \sigma_{con}[1 - \kappa(l_1 - l_0)](1 - \mu\theta)\mu\theta$$

式中　l_1——张拉端起点至预应力筋折点 c 的水平投影长度；

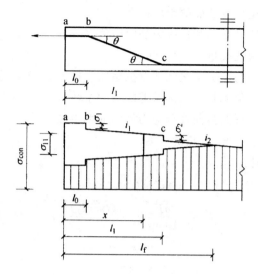

图 5-3　折线形预应力筋的预应力损失 σ_{l1}

l_f——反向摩擦影响长度；

l_0——直线长度；

i_1——预应力筋 bc 段中应力近似直线变化的斜率；

i_2——预应力筋在折点 c 以外应力近似直线变化的斜率；

x——张拉端至计算截面的距离；

a——张拉端锚具变形和预应力筋内缩值（mm），按表 5-1 取值；

E_s——预应力弹性模量；

μ——预应力筋与孔道壁之间的摩擦系数，按表 5-2 取值；

κ——考虑孔道每米长度局部偏差的摩擦系数，按表 5-2 取值；

θ——从张拉端至计算截面曲线孔道各部分切线的夹角之和；

σ_{con}——预应力筋的张拉控制应力。

②当 $l_0 < x \leqslant l_1$ 时：

$$\sigma_{l1} = 2i_1(l_1 - x) + 2\sigma_2 + 2i_2(l_f - l_1)$$

$$l_f = \sqrt{\frac{aE_s}{1000i_2} - \frac{i_1(l_1 - l_0)^2 + 2i_1l_0(l_1 - l_0) + 2\sigma_1l_0 + 2\sigma_2l_1}{i_2} + l_1^2}$$

$$i_1 = \sigma_{con}(1 - \mu\theta)\kappa$$

$$i_2 = \sigma_{con}[1 - \kappa(l_1 - l_0)](1 - \mu\theta)^2\kappa$$

$$\sigma_1 = \sigma_{con}\mu\theta$$

$$\sigma_2 = \sigma_{con}[1 - \kappa(l_1 - l_0)](1 - \mu\theta)\mu\theta$$

式中 l_1——张拉端起点至预应力筋折点 c 的水平投影长度;

l_f——反向摩擦影响长度;

l_0——直线长度;

i_1——预应力筋 bc 段中应力近似直线变化的斜率;

i_2——预应力筋在折点 c 以外应力近似直线变化的斜率;

x——张拉端至计算截面的距离;

a——张拉端锚具变形和预应力筋内缩值(mm),按表 5-1 取值;

E_s——预应力弹性模量;

μ——预应力筋与孔道壁之间的摩擦系数,按表 5-2 取值;

κ——考虑孔道每米长度局部偏差的摩擦系数,按表 5-2 取值;

θ——从张拉端至计算截面曲线孔道各部分切线的夹角之和;

σ_{con}——预应力筋的张拉控制应力。

③当 $l_1 < x \leqslant l_f$ 时

$$\sigma_{l1} = 2i_2(l_f - x)$$

$$l_f = \sqrt{\frac{aE_s}{1000i_2} - \frac{i_1(l_1-l_0)^2 + 2i_1 l_0(l_1-l_0) + 2\sigma_1 l_0 + 2\sigma_2 l_1}{i_2} + l_1^2}$$

$$i_1 = \sigma_{con}(1-\mu\theta)\kappa$$

$$i_2 = \sigma_{con}[1-\kappa(l_1-l_0)](1-\mu\theta)^2\kappa$$

$$\sigma_1 = \sigma_{con}\mu\theta$$

$$\sigma_2 = \sigma_{con}[1-\kappa(l_1-l_0)](1-\mu\theta)\mu\theta$$

式中 l_1——张拉端起点至预应力筋折点 c 的水平投影长度;

l_f——反向摩擦影响长度;

l_0——直线长度;

i_1——预应力筋 bc 段中应力近似直线变化的斜率;

i_2——预应力筋在折点 c 以外应力近似直线变化的斜率;

x——张拉端至计算截面的距离;

a——张拉端锚具变形和预应力筋内缩值(mm),按表 5-1 取值;

E_s——预应力弹性模量;

μ——预应力筋与孔道壁之间的摩擦系数,按表 5-2 取值;

κ——考虑孔道每米长度局部偏差的摩擦系数,按表 5-2 取值;

θ——从张拉端至计算截面曲线孔道各部分切线的夹角之和;

σ_{con}——预应力筋的张拉控制应力。

5.1.3 孔道摩擦损失

预应力钢筋与孔道壁之间的摩擦引起的预应力损失（简称孔道摩擦损失，见图 5-4），可按下式计算：

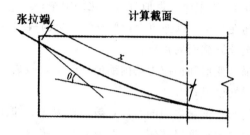

图 5-4 孔道摩擦损失计算简图

$$\sigma_{l2} = \sigma_{con}\left(1 - \frac{1}{e^{kx\mu\theta}}\right)$$

式中 σ——预应力钢筋与孔道壁之间的摩擦引起的预应力损失；

σ_{con}——预应力筋的张拉控制应力值（MPa）；

κ——考虑孔道每米长度局部偏差的摩擦系数，按表 5-2 取值；

x——从张拉端至计算截面的孔道长度，可近似取该段孔道在纵轴上的投影长度（m）；

μ——预应力筋与孔道壁之间的摩擦系数，按表 5-2 取值；

θ——从张拉端至计算截面曲线孔道部分切线的夹角（rad）

$$\left\{\begin{array}{l}\blacktriangle \text{ 抛物线、圆弧曲线}\\ \blacksquare \text{ 广义空间曲线}\end{array}\right\}:$$

▲ 抛物线、圆弧曲线

$$\theta = \sqrt{\alpha_v^2 + \alpha_h^2}$$

式中 α_v、α_h——按抛物线、圆弧曲线变化的空间曲线预应力筋在竖直向、水平向投影所形成抛物线、圆弧曲线的弯转角。

■ 广义空间曲线

$$\theta = \sum \sqrt{\Delta\alpha_v^2 + \Delta\alpha_h^2}$$

式中 $\Delta\alpha_v$、$\Delta\alpha_h$——广义空间曲线预应力筋在竖直向、水平向投影所形成分段曲线的弯转角增量。

当（$\kappa x + \mu\theta$）不大于 0.3 时，σ_{l2} 可按以下近似公式计算：

$$\sigma_{l2} = (\kappa x + \mu\theta)\sigma_{con}$$

（当采用夹片式群锚体系时，在 σ_{con} 中宜扣除锚口摩擦损失）

式中 σ_{l2}——预应力钢筋与孔道壁之间的摩擦引起的预应力损失；

σ_{con}——预应力筋的张拉控制应力值（MPa）；

κ——考虑孔道每米长度局部偏差的摩擦系数，按表 5 - 2 取值；

x——从张拉端至计算截面的孔道长度，可近似取该段孔道在纵轴上的投影长度（m）；

μ——预应力筋与孔道壁之间的摩擦系数，按表 5 - 2 取值；

θ——从张拉端至计算截面曲线孔道部分切线的夹角（rad）。

5.1.4 温差损失

混凝土加热养护时，张拉钢筋与张拉台座之间的温度差所引起的预应力损失（简称温差损失），按下式计算：

$$\sigma_{l3} = 2\Delta t$$

式中 σ_{l3}——预应力钢筋与张拉台座之间的温差所引起的预应力损失（MPa）；

2——每度温差所引起的预应力损失；

Δt——预应力筋与台座之间的温度差（℃）。

5.1.5 应力松弛损失

预应力钢筋的应力松弛损失，可按下式计算：

（1）消除应力钢丝、钢绞线。

①普通松弛：

$$\sigma_{l4} = 0.4\left(\frac{\sigma_{con}}{f_{ptk}} - 0.5\right)\sigma_{con}$$

式中 σ_{con}——预应力筋的张拉控制应力值（MPa）；

σ_{l4}——预应力钢筋的应力松弛损失（MPa）；

f_{ptk}——预应力筋的强度标准值（MPa）。

②低松弛：当 $\sigma_{con} \leqslant 0.7 f_{ptk}$ 时

$$\sigma_{l4} = 0.125\left(\frac{\sigma_{con}}{f_{ptk}} - 0.5\right)\sigma_{con}$$

式中 σ_{con}——预应力筋的张拉控制应力值（MPa）；

σ_{l4}——预应力钢筋的应力松弛损失（MPa）；

f_{ptk}——预应力筋的强度标准值（MPa）。

③当 $0.7 f_{ptk} < \leqslant 0.8 f_{ptk}$ 时

$$\sigma_{l4} = 0.20\left(\frac{\sigma_{con}}{f_{ptk}} - 0.575\right)\sigma_{con}$$

式中 σ_{con}——预应力筋的张拉控制应力值（MPa）；

σ_{l4}——预应力钢筋的应力松弛损失（MPa）；

f_{ptk}——预应力筋的强度标准值（MPa）。

（2）中强度预应力钢丝

$$\sigma_{l4} = 0.0\sigma_{con}$$

式中 σ_{con}——预应力筋的张拉控制应力值（MPa）；

　　　σ_{l4}——预应力钢筋的应力松弛损失（MPa）。

（3）预应力螺纹钢筋

$$\sigma_{l4} = 0.03\sigma_{con}$$

式中 σ_{con}——预应力筋的张拉控制应力值（MPa）；

　　　σ_{l4}——预应力钢筋的应力松弛损失（MPa）。

5.1.6 混凝土收缩徐变损失

（1）混凝土收缩、徐变引起受拉区和受压区纵向预应力筋的预应力损失值 σ_{l5}、σ'_{l5} 可按下式计算。

①先张法构件：

$$\sigma_{l5} = \frac{60 + 340\dfrac{\sigma_{pc}}{f'_{cu}}}{1 + 15\rho}$$

$$\sigma'_{l5} = \frac{60 + 340\dfrac{\sigma'_{pc}}{f'_{cu}}}{1 + 15\rho'}$$

式中 σ_{pc}、σ'_{pc}——受拉区、受压区预应力筋合力点处的混凝土法向应力；

　　　f'_{cu}——施加预应力时的混凝土立方体抗压强度；

　　　ρ、ρ'——受拉、受压区预应力筋和普通钢筋的配筋率，对先张法构件，$\rho = (A_p + A_s)/A_0$、$\rho'(A'_p + A'_s)/A_0$；对后张法构件，$\rho = (A_p + A_s)/A_n$、$\rho'(A'_p + A'_s)/A_n$；对于对称配置预应力筋和普通钢筋的构件，配筋率 ρ、ρ' 应按钢筋总截面面积的一半计算。

②后张法构件：

$$\sigma_{l5} = \frac{55 + 300\dfrac{\sigma_{pc}}{f'_{cu}}}{1 + 15\rho}$$

$$\sigma'_{l5} = \frac{55 + 300\dfrac{\sigma'_{pc}}{f'_{cu}}}{1 + 15\rho'}$$

式中 σ_{pc}、σ'_{pc}——受拉区、受压区预应力筋合力点处的混凝土法向应力；

　　　f'_{cu}——施加预应力时的混凝土立方体抗压强度；

　　　ρ、ρ'——受拉、受压区预应力筋和普通钢筋的配筋率，对先张法构件，$\rho = (A_p + A_s)/A_0$、$\rho' = (A'_p + A'_s)/A_0$；对后张法构件，$\rho = (A_p + A_s)/A_n$、$\rho' = (A'_p + A'_s)/A_n$；对于对称配置预应力筋和普通钢筋的构件，配筋率 ρ、ρ' 应按钢筋总截面面积的一半计算。

（2）混凝土收缩和徐变引起预应力筋的预应力损失终极值可按下列规定计算。

①受拉区纵向预应力筋的预应力损失终极值 σ_{l5}：

$$\sigma_{l5} = \frac{0.9\alpha_p \sigma_{pc} \varphi_\infty + E_s \varepsilon_\infty}{1 + 15\rho}$$

式中 σ_{pc}——受拉区预应力筋合力点处由预加力（扣除相应阶段预应力损失）和梁自重产生的混凝土法向压应力，其值不得大于 $0.5f'_{cu}$；简支梁可取跨中截面与 1/4 跨度处截面的平均值；连续梁和框架可取若干有代表性截面的平均值；

φ_∞——混凝土徐变系数终极值；

ε_∞——混凝土收缩应变终极值；

E_s——预应力筋弹性模量；

α_p——预应力筋弹性模量与混凝土弹性模量的比值；

ρ——受拉区预应力筋和普通钢筋的配筋率，先张法构件，$\rho = (A_p + A_s)/A_0$；后张法构件，$\rho = (A_p + A_s)/A_n$；对于对称配置预应力筋和普通钢筋的构件，配筋率 ρ 取钢筋总截面面积的一半。

无可靠资料时，φ_∞、ε_∞ 值可按表 5-3 及表 5-4 取值。如结构处于年平均相对湿度低于 40% 的环境下，表列数值应增加 30%。

②受压区纵向预应力筋的预应力损失终极值：

$$\sigma'_{l5} = \frac{0.9\alpha_p \sigma'_{pc} \varphi_\infty + E_s \varepsilon_\infty}{1 + 15\rho'}$$

式中 σ'_{pc}——受压区预应力筋合力点处由预加力（扣除相应阶段预应力损失）和梁自重产生的混凝土法向压应力，其值不得大于 $0.5f'_{cu}$，当 σ'_{pc} 为拉应力时，取 $\sigma'_{pc} = 0$；

φ_∞——混凝土徐变系数终极值；

ε_∞——混凝土收缩应变终极值；

E_s——预应力筋弹性模量；

α_p——预应力筋弹性模量与混凝土弹性模量的比值；

ρ'——受压区预应力筋和普通钢筋的配筋率，先张法构件，$\rho' = (A'_p + A'_s)/A_0$，后张法构件，$\rho' = (A'_p + A'_s)/A_n$。

5.1.7 弹性压缩损失

先张法构件放张或后张法构件张拉时，由于混凝土受到弹性压缩引起的预应力损失，称为弹性压缩损失。

（1）先张法弹性压缩损失。

先张法构件放张时，预应力传递给混凝土使构件缩短，预应力筋随着构件缩短而引起的应力损失可按下式计算：

$$\sigma_{l6} = E_s \frac{\sigma''_{pc}}{E_c}$$

式中 σ_{l6}——混凝土受到弹性压缩引起的预应力损失（MPa）；

E_s——预应力钢筋弹性模量，按表 1-12 取值；

E_c——混凝土的弹性模量；

σ_{pc}''——由于预应力所引起位于钢筋水平处混凝土的应力
$$\left\{\begin{array}{l}\blacktriangle\ \text{对轴心受预压的构件}\\\blacksquare\ \text{对偏心受预压的构件（如梁、板）}\end{array}\right\}:$$

▲ 对轴心受预压的构件

$$\sigma_{pc}''=\frac{P_{y1}}{A}$$

式中　P_{y1}——扣除第一批预应力损失后的张拉力，一般取 $P_{y1}=0.9P_j$；

　　　A——混凝土截面面积，可近似地取毛面积。

　　■ 对偏心受预压的构件（如梁、板）

$$\sigma_{pc}''=\frac{P_{y1}}{A}+\frac{P_{y1}e^2}{I}-\frac{M_G e}{I}$$

式中　P_{y1}——扣除第一批预应力损失后的张拉力，一般取 $P_{y1}=0.9P_j$；

　　　A——混凝土截面面积，可近似地取毛面积；

　　　M_G——构件自重引起的弯矩；

　　　e——构件重心至预应力筋合力点的距离；

　　　I——毛截面惯性矩。

（2）后张法弹性压缩损失。

当全部预应力筋同时张拉时，混凝土弹性压缩在锚固前完成，没有弹性压缩损失；当多根预应力筋依次张拉时，先批张拉的预应力筋，受后批预应力筋张拉所产生的混凝土压缩而引起的平均应力损失，可按下式计算：

$$\sigma_{l6}=0.5E_s\frac{\sigma_{pc}''}{E_c}$$

式中　σ_{l6}——混凝土受到弹性压缩引起的预应力损失（MPa）；

　　　E_s——预应力钢筋弹性模量，按表 1-12 取值；

　　　E_c——混凝土的弹性模量；

　　　σ_{pc}''——由于预应力所引起位于钢筋水平处混凝土的应力
$$\left\{\begin{array}{l}\blacktriangle\ \text{对轴心受预压的构件}\\\blacksquare\ \text{对偏心受预压的构件（如梁、板）}\end{array}\right\}:$$

　　▲ 对轴心受预压的构件

$$\sigma_{pc}''=\frac{P_{y1}}{A}$$

式中　P_{y1}——扣除第一批预应力损失后的张拉力，一般取 $P_{y1}=0.9P_j$；

A——混凝土截面面积，可近似地取毛面积。

■ 对偏心受预压的构件（如梁、板）

$$\sigma''_{pc} = \frac{P_{y1}}{A} + \frac{P_{y1}e^2}{I} - \frac{M_Ge}{I}$$

式中　P_{y1}——扣除第一批预应力损失后的张拉力，一般取 $P_{y1}=0.9P_j$；

　　　A——混凝土截面面积，可近似地取毛面积；

　　　M_G——构件自重引起的弯矩；

　　　e——构件重心至预应力筋合力点的距离；

　　　I——毛截面惯性矩。

5.2　数据速查

5.2.1　锚具变形和预应力筋内缩值 a

表 5-1　　　　　　　　　锚具变形和预应力筋内缩值 a　　　　　　　（单位：mm）

锚　具　类　别		a
支承式锚具（钢丝束镦头锚具等）	螺帽缝隙	1
	每块后加垫板的缝隙	1
夹片式锚具	有顶压时	5
	无顶压时	6～8

注　1. 表中的锚具变形和预应力筋内缩值也可根据实测数据确定。
　　2. 其他类型的锚具变形和预应力筋内缩值应根据实测数据确定。

5.2.2　预应力筋与孔道壁之间的摩擦系数 μ

表 5-2　　　　　　　　　　摩　擦　系　数　μ

孔道成型方式	κ	μ	
		钢绞线、钢丝束	预应力螺纹钢筋
预埋金属波纹管	0.0015	0.25	0.50
预埋塑料波纹管	0.0015	0.15	—
预埋钢管	0.0010	0.30	—
抽芯成型	0.0014	0.55	0.60
无黏结预应力筋	0.0040	0.09	—

注　摩擦系数 μ 也可根据实测数据确定。

5.2.3 混凝土徐变系数终极值 φ_∞

表 5-3   混凝土徐变系数终极值 φ_∞

年平均相对湿度 RH		$40\% \leqslant RH \leqslant 70\%$				$70\% \leqslant RH \leqslant 99\%$			
理论厚度 $2A/u$/mm		100	200	300	$\geqslant 600$	100	200	300	$\geqslant 600$
预加应力时的 混凝土龄期 t_0/d	3	3.51	3.14	2.94	2.63	2.78	2.55	2.43	2.23
	7	3.00	2.68	2.51	2.25	2.37	2.18	2.08	1.91
	10	2.80	2.51	2.35	2.10	2.22	2.04	1.94	1.78
	14	2.63	2.35	2.21	1.97	2.08	1.91	1.82	1.67
	28	2.31	2.06	1.93	1.73	1.82	1.68	1.60	1.47
	60	1.99	178	1.67	1.49	1.58	1.45	1.38	1.27
	$\geqslant 90$	1.85	1.65	1.55	1.38	1.46	1.34	1.28	1.17

注   1. 预加力时的混凝土龄期，先张法构件可取 3～7d，后张法构件可取 7～28d。

       2. A 为构件截面面积，u 为该截面与大气接触的周边长度；当构件为变截面时，A 和 u 均可取其平均值。

       3. 本表适用于由一般的硅酸盐水类水泥或快硬水泥配置而成的混凝土；表中数值系按强度等级 C40 混凝土计算所得，对 C50 及以上混凝土，表列数值应乘以 $\sqrt{\dfrac{32.4}{f_{ck}}}$，式中 f_{ck} 为混凝土轴心抗压强度标准值（MPa）。

       4. 本表适用于季节性变化的平均温度 $-20 \sim +40℃$。

       5. 当实际构件的理论厚度和预加力时的混凝土龄期为表列数值的中间值时，可按线性内插法确定。

5.2.4 混凝土收缩应变终极值 ε_∞

表 5-4   混凝土收缩应变终极值 ε_∞ （$\times 10^{-4}$）

年平均相对湿度 RH		$40\% \leqslant RH \leqslant 70\%$				$70\% \leqslant RH \leqslant 99\%$			
理论厚度 $2A/u$/mm		100	200	300	$\geqslant 600$	100	200	300	$\geqslant 600$
预加应力时的 混凝土龄期 t_0/d	3	4.83	4.09	3.57	3.09	3.47	2.95	2.60	2.26
	7	4.35	3.89	3.44	3.01	3.12	2.80	2.49	2.18
	10	4.06	3.77	3.37	2.96	2.91	2.70	2.42	2.14
	14	3.73	3.62	3.27	2.91	2.67	2.59	2.35	2.10
	28	2.90	3.20	3.01	2.77	2.07	2.28	2.15	1.98
	60	1.92	2.54	2.58	2.54	1.37	1.80	1.82	1.80
	$\geqslant 90$	1.45	2.12	2.27	2.38	1.03	1.50	1.60	1.68

5.2.5 随时间变化的预应力损失系数

表 5-5　　　　　　　　　　　　　随时间变化的预应力损失系数

时间/d	松弛损失系数	收缩徐变损失系数
2	0.50	—
10	0.77	0.33
20	0.88	0.37
30	0.95	0.40
40		0.43
60		0.50
90	1.00	0.60
180		0.75
365		0.85
1095		1.00

注　1. 先张法预应力混凝土构件的松弛损失时间从张拉完成开始计算，收缩徐变损失从放张完成开始计算。
　　2. 后张法预应力混凝土构件的松弛损失、收缩徐变损失均从张拉完成开始计算。

5.2.6 各阶段预应力损失值的组合

表 5-6　　　　　　　　　　　　各阶段预应力损失值的组合

预应力损失值的组合	先张法构件	后张法构件
混凝土预压前（第一批）的损失	$\sigma_{l1} + \sigma_{l2} + \sigma_{l3} + \sigma_{l4}$	$\sigma_{l1} + \sigma_{l2}$
混凝土预压后（第二批）的损失	σ_{l5}	$\sigma_{l4} + \sigma_{l5} + \sigma_{l6}$

注　先张法构件由于预应力筋应力松弛引起的损失值 σ_{l4} 在第一批和第二批损失中所占的比例，如需区分，可根据实际情况确定。

6

混凝土结构构件抗震设计

6.1 公式速查

6.1.1 纵向受拉钢筋的抗震锚固长度计算

纵向受拉钢筋的抗震锚固长度 l_{aE} 应按下式计算：

$$l_{aE} = \xi_{aE} l_a$$

$$l_a = \xi_a l_{ab}$$

式中　ξ_{aE}——纵向受拉钢筋抗震锚固长度修正系数，对一、二级抗震等级取 1.15，对三级抗震等级取 1.05，对四级抗震等级取 1.00；

　　　l_a——纵向受拉钢筋的锚固长度；

　　　ζ_a——锚固长度修正系数，当带肋钢筋的公称直径大于 25mm 时取 1.10；环氧树脂涂层带肋钢筋取 1.25；施工过程中易受扰动的钢筋取 1.10；当纵向受力钢筋的实际配筋面积大于其设计计算面积时，修正系数取设计计算面积与实际配筋面积的比值，但对有抗震设防要求及直接承受动力荷载的结构构件，不应考虑此项修正；锚固区保护层厚度为 3d 时修正系数可取 0.80，保护层厚度为 5d 时修正系数可取 0.70，中间按内插取值，此处 d 为纵向受力带肋钢筋的直径；当多于一项时，可按连乘计算，但不应小于 0.6；

　　　l_{ab}——受拉钢筋的基本锚固长度 $\left\{\begin{array}{l} \blacktriangle \text{普通钢筋基本锚固长度} \\ \blacksquare \text{预应力筋基本锚固长度} \end{array}\right\}$：

▲ 普通钢筋基本锚固长度

$$l_{ab} = \alpha \frac{f_y}{f_t} d$$

式中　f_y——普通钢筋的抗拉强度设计值；

　　　d——锚固钢筋的直径；

　　　f_t——混凝土轴心抗拉强度设计值，混凝土强度等级高于 C60 时，按 C60 取值；

　　　α——锚固钢筋的外形系数，按表 1-22 取值。

■ 预应力筋基本锚固长度

$$l_{ab} = \alpha \frac{f_{py}}{f_t} d$$

式中　f_{py}——预应力筋的抗拉强度设计值；

　　　d——锚固钢筋的直径；

　　　f_t——混凝土轴心抗拉强度设计值，当混凝土强度等级高于 C60 时，按 C60 取值；

α——锚固钢筋的外形系数，按表 1-22 取值。

6.1.2 纵向受拉钢筋的抗震搭接长度计算

当采用搭接连接时，纵向受拉钢筋的抗震搭接长度 l_{lE} 应按下列公式计算：

$$l_{lE} = \xi_l l_{aE}$$

$$l_l = \xi_l l_a$$

$$l_{aE} = \xi_{aE} l_a$$

$$l_a = \xi_a l_{ab}$$

式中　l_l——纵向受拉钢筋的搭接长度；

　　　ξ_l——纵向受拉钢筋搭接长度的修正系数，按表 1-23 取值。当纵向搭接钢筋接头面积百分率为表的中间值时，修正系数可按内插取值；

　　　ξ_{aE}——纵向受拉钢筋抗震锚固长度修正系数，对一、二级抗震等级取 1.15，对三级抗震等级取 1.05，对四级抗震等级取 1.00；

　　　l_a——纵向受拉钢筋的锚固长度；

　　　ζ_a——锚固长度修正系数，当带肋钢筋的公称直径大于 25mm 时取 1.10；环氧树脂涂层带肋钢筋取 1.25；施工过程中易受扰动的钢筋取 1.10；当纵向受力钢筋的实际配筋面积大于其设计计算面积时，修正系数取设计计算面积与实际配筋面积的比值，但对有抗震设防要求及直接承受动力荷载的结构构件，不应考虑此项修正；锚固区保护层厚度为 3d 时修正系数可取 0.80，保护层厚度为 5d 时修正系数可取 0.70，中间按内插取值，此处 d 为纵向受力带肋钢筋的直径；当多于一项时，可按连乘计算，但不应小于 0.6；

　　　l_{ab}——受拉钢筋的基本锚固长度 $\left\{\begin{array}{l}\blacktriangle \text{普通钢筋基本锚固长度}\\ \blacksquare \text{预应力筋基本锚固长度}\end{array}\right\}$：

　　▲ 普通钢筋基本锚固长度

$$l_{ab} = \alpha \frac{f_y}{f_t} d$$

式中　f_y——普通钢筋的抗拉强度设计值；

　　　d——锚固钢筋的直径；

　　　f_t——混凝土轴心抗拉强度设计值，当混凝土强度等级高于 C60 时，按 C60 取值；

　　　α——锚固钢筋的外形系数，按表 1-22 取值。

　　■ 预应力筋基本锚固长度

$$l_{ab} = \alpha \frac{f_{py}}{f_t} d$$

式中　f_{py}——预应力筋的抗拉强度设计值；

d——锚固钢筋的直径；

f_t——混凝土轴心抗拉强度设计值，混凝土强度等级高于 C60 时，按 C60 取值；

α——锚固钢筋的外形系数，按表 1-22 取值。

6.1.3 梁端混凝土受压区高度的计算

承载力计算中，计入纵向受压钢筋的梁端混凝土受压区高度应符合下列要求：

（1）一级抗震等级：

$$x \leqslant 0.25 h_0$$

式中 x——混凝土受压区高度；

h_0——截面有效高度。

（2）二、三级抗震等级：

$$x \leqslant 0.35 h_0$$

式中 x——混凝土受压区高度；

h_0——截面有效高度。

6.1.4 地震组合的框架梁受剪承载力计算

考虑地震组合的框架梁端剪力设计值 V_b 应按下列规定计算：

（1）一级抗震等级的框架结构和 9 度设防烈度的一级抗震等级框架：

$$V_b = 1.1 \frac{(M_{bua}^l + M_{bua}^r)}{l_n} + V_{Gb}$$

式中 M_{bua}^l、M_{bua}^r——框架梁左、右端按实配钢筋截面面积（计入受压钢筋及有效楼板范围内的钢筋）、材料强度标准值，且考虑承载力抗震调整系数的正截面抗震受弯承载力所对应的弯矩值；

V_{Gb}——考虑地震组合时的重力荷载代表值产生的剪力设计值，可按简支梁计算确定；

l_n——梁的净跨。

（2）其他情况。

①一级抗震等级：

$$V_b = 1.3 \frac{(M_b^l + M_b^r)}{l_n} + V_{Gb}$$

式中 M_b^l、M_b^r——考虑地震组合的框架梁左、右端弯矩设计值；

V_{Gb}——考虑地震组合时的重力荷载代表值产生的剪力设计值，可按简支梁计算确定；

l_n——梁的净跨。

②二级抗震等级：

$$V_b = 1.2 \frac{(M_b^l + M_b^r)}{l_n} + V_{Gb}$$

式中　M_b^l、M_b^r——考虑地震组合的框架梁左、右端弯矩设计值；

　　　　V_{Gb}——考虑地震组合时的重力荷载代表值产生的剪力设计值，可按简支梁计算确定；

　　　　l_n——梁的净跨。

③三级抗震等级：

$$V_b = 1.1 \frac{(M_b^l + M_b^r)}{l_n} + V_{Gb}$$

式中　M_b^l、M_b^r——考虑地震组合的框架梁左、右端弯矩设计值；

　　　　V_{Gb}——考虑地震组合时的重力荷载代表值产生的剪力设计值，可按简支梁计算确定；

　　　　l_n——梁的净跨。

④四级抗震等级，取地震组合下的剪力设计值。

6.1.5　地震组合的矩形、T形和I形截面框架梁受剪承载力计算

考虑地震组合的矩形、T形和I形截面框架梁，其受剪截面应符合下列条件：

（1）当跨高比大于 2.5 时：

$$V_b \leqslant \frac{1}{\gamma_{RE}} (0.20 \beta_c f_c b h_0)$$

式中　γ_{RE}——承载力抗震调整系数，见表 6-2；

　　　　β_c——混凝土强度影响系数，混凝土强度等级不超过 C50 时，β_c 取 1.0；混凝土强度等级为 C80 时，β_c 取 0.8；其间按线性内插法确定；

　　　　f_c——混凝土轴心抗压强度设计值，按表 1-2 取值；

　　　　b——矩形截面的宽度，T形截面或I形截面的腹板宽度；

　　　　h_0——截面的有效高度。

（2）当跨高比不大于 2.5 时：

$$V_b \leqslant \frac{1}{\gamma_{RE}} (0.15 \beta_c f_c b h_0)$$

式中　γ_{RE}——承载力抗震调整系数，见表 6-2；

　　　　β_c——混凝土强度影响系数，混凝土强度等级不超过 C50 时，β_c 取 1.0；当混凝土强度等级为 C80 时，β_c 取 0.8；其间按线性内插法确定；

　　　　f_c——混凝土轴心抗压强度设计值，按表 1-2 取值；

　　　　b——矩形截面的宽度，T形截面或I形截面的腹板宽度；

　　　　h_0——截面的有效高度。

6.1.6　地震组合的矩形、T形和I形截面框架梁斜截面受剪承载力计算

考虑地震组合的矩形、T形和I形截面的框架梁，其斜截面受剪承载力应符合

下列规定：

$$V_{b}=\frac{1}{\gamma_{RE}}\left[0.6\alpha_{cv}f_{t}bh_{0}+f_{yv}\frac{A_{sv}}{s}h_{0}\right]$$

式中　γ_{RE}——承载力抗震调整系数，见表 6-2；

　　　α_{cv}——截面混凝土受剪承载力系数，对于一般受弯构件取 0.7；对集中荷载作用下（包括作用有多种荷载，其中集中荷载对支座截面或节点边缘所产生的剪力值占总剪力的 75% 以上的情况）的独立梁，取 α_{cv} 为 $\frac{1.75}{\lambda+1}$，λ 为计算截面的剪跨比，可取 λ 等于 a/h_{0}，当 λ 小于 1.5 时，取 1.5，当 λ 大于 3 时，取 3，a 取集中荷载作用点至支座截面或节点边缘的距离；

　　　f_{t}——混凝土轴心抗拉强度设计值，按表 1-2 取值；

　　　b——矩形截面的宽度，T 形截面或 I 形截面的腹板宽度；

　　　h_{0}——截面的有效高度；

　　　f_{yv}——箍筋的抗拉强度设计值；

　　　A_{sv}——配置在同一截面内箍筋各肢的全部截面面积，即 nA_{sv1}，此处，n 为在同一个截面内箍筋的肢数，A_{sv1} 为单肢箍筋的截面面积；

　　　s——沿构件长度方向的箍筋间距。

6.1.7　框架梁全长箍筋的配筋率计算

梁端设置的第一个箍筋距框架节点边缘不应大于 50mm。非加密区的箍筋间距不宜大于加密区箍筋间距的 2 倍。沿梁全长箍筋的配筋率 ρ_{cv} 应符合下列规定：

（1）一级抗震等级：

$$\rho_{sv}\geqslant0.30\frac{f_{t}}{f_{yv}}$$

式中　f_{t}——混凝土轴心抗拉强度设计值，按表 1-2 取值；

　　　f_{yv}——箍筋的抗拉强度设计值。

（2）二级抗震等级：

$$\rho_{sv}\geqslant0.28\frac{f_{t}}{f_{yv}}$$

式中　f_{t}——混凝土轴心抗拉强度设计值，按表 1-2 取值；

　　　f_{yv}——箍筋的抗拉强度设计值。

（3）三、四级抗震等级：

$$\rho_{sv}\geqslant0.26\frac{f_{t}}{f_{yv}}$$

式中　f_{t}——混凝土轴心抗拉强度设计值，按表 1-2 取值；

　　　f_{yv}——箍筋的抗拉强度设计值。

6.1.8 框架柱节点上、下端和框支柱中间层节点上、下端的截面受弯承载力计算

除框架顶层柱、轴压比小于 0.15 的柱以及框支梁与框支柱的节点外，框架柱节点上、下端和框支柱的中间层节点上、下端的截面弯矩设计值应符合下列要求：

（1）一级抗震等级的框架结构和 9 度设防烈度的一级抗震等级框架：

$$\sum M_c = 1.2 \sum M_{bua}$$

式中 $\sum M_c$——考虑地震组合的节点上、下柱端的弯矩设计值之和；

$\sum M_{bua}$——同一节点左、右梁端按顺时针和逆时针方向采用实配钢筋和材料强度标准值，且考虑承载力抗震调整系数计算的正截面受弯承载力所对应的弯矩值之和的较大值。当有现浇板时，梁端的实配钢筋应包含现浇板有效宽度范围内的纵向钢筋。

（2）框架结构。

① 二级抗震等级：

$$\sum M_c = 1.5 \sum M_b$$

式中 $\sum M_c$——考虑地震组合的节点上、下柱端的弯矩设计值之和；

$\sum M_b$——同一节点左、右梁端，按顺时针和逆时针方向计算的两端考虑地震组合的弯矩设计值之和的较大值；一级抗震等级，当两端弯矩均为负弯矩时，绝对值较小的弯矩值应取零。

② 三级抗震等级：

$$\sum M_c = 1.3 \sum M_b$$

式中 $\sum M_c$——考虑地震组合的节点上、下柱端的弯矩设计值之和；

$\sum M_b$——同一节点左、右梁端，按顺时针和逆时针方向计算的两端考虑地震组合的弯矩设计值之和的较大值；一级抗震等级，当两端弯矩均为负弯矩时，绝对值较小的弯矩值应取零。

③ 四级抗震等级：

$$\sum M_c = 1.2 \sum M_b$$

式中 $\sum M_c$——考虑地震组合的节点上、下柱端的弯矩设计值之和；

$\sum M_b$——同一节点左、右梁端，按顺时针和逆时针方向计算的两端考虑地震组合的弯矩设计值之和的较大值；一级抗震等级，当两端弯矩均为负弯矩时，绝对值较小的弯矩值应取零。

（3）其他情况

① 一级抗震等级：

$$\sum M_c = 1.4 \sum M_b$$

式中 $\sum M_c$——考虑地震组合的节点上、下柱端的弯矩设计值之和；

$\sum M_b$——同一节点左、右梁端，按顺时针和逆时针方向计算的两端考虑地震组合的弯矩设计值之和的较大值；一级抗震等级，当两端弯矩均为负弯矩时，绝对值较小的弯矩值应取零。

②二级抗震等级：

$$\sum M_c = 1.2 \sum M_b$$

式中　$\sum M_c$——考虑地震组合的节点上、下柱端的弯矩设计值之和；

　　　$\sum M_b$——同一节点左、右梁端，按顺时针和逆时针方向计算的两端考虑地震组合的弯矩设计值之和的较大值；一级抗震等级，当两端弯矩均为负弯矩时，绝对值较小的弯矩值应取零。

③三、四级抗震等级：

$$\sum M_c = 1.1 \sum M_b$$

式中　$\sum M_c$——考虑地震组合的节点上、下柱端的弯矩设计值之和；

　　　$\sum M_b$——同一节点左、右梁端，按顺时针和逆时针方向计算的两端考虑地震组合的弯矩设计值之和的较大值；一级抗震等级，当两端弯矩均为负弯矩时，绝对值较小的弯矩值应取零。

6.1.9　框架柱、框支柱受剪承载力计算

框架柱、框支柱的剪力设计值 V_c 应按下列公式计算：

（1）一级抗震等级的框架结构和 9 度设防烈度的一级抗震等级框架：

$$V_c = 1.2 \frac{(M_{cua}^t + M_{cua}^b)}{H_n}$$

式中　M_{cua}^t、M_{cua}^b——框架柱上、下端按实配钢筋截面面积和材料强度标准值，且考虑承载力抗震调整系数计算的正截面抗震承载力所对应的弯矩值；

　　　H_n——柱的净高。

（2）框架结构。

①二级抗震等级：

$$V_c = 1.3 \frac{(M_c^t + M_c^b)}{H_n}$$

式中　M_c^t、M_c^b——考虑地震组合，且经调整后的框架柱上、下端弯矩设计值；

　　　H_n——柱的净高。

②三级抗震等级：

$$V_c = 1.2 \frac{(M_c^t + M_c^b)}{H_n}$$

式中　M_c^t、M_c^b——考虑地震组合，且经调整后的框架柱上、下端弯矩设计值；

　　　H_n——柱的净高。

③四级抗震等级：

$$V_c = 1.1 \frac{(M_c^t + M_c^b)}{H_n}$$

式中 M_c^t、M_c^b——考虑地震组合，且经调整后的框架柱上、下端弯矩设计值；

　　　　H_n——柱的净高。

（3）其他情况。

①一级抗震等级：

$$V_c = 1.4 \frac{(M_c^t + M_c^b)}{H_n}$$

式中 M_c^t、M_c^b——考虑地震组合，且经调整后的框架柱上、下端弯矩设计值；

　　　　H_n——柱的净高。

②二级抗震等级：

$$V_c = 1.2 \frac{(M_c^t + M_c^b)}{H_n}$$

式中 M_c^t、M_c^b——考虑地震组合，且经调整后的框架柱上、下端弯矩设计值；

　　　　H_n——柱的净高。

③三、四级抗震等级：

$$V_c = 1.1 \frac{(M_c^t + M_c^b)}{H_n}$$

式中 M_c^t、M_c^b——考虑地震组合，且经调整后的框架柱上、下端弯矩设计值；

　　　　H_n——柱的净高。

6.1.10 地震组合的矩形截面框架柱和框支柱的受剪承载力计算

考虑地震组合的矩形截面框架柱和框支柱，其受剪截面应符合下列条件：

（1）剪跨比 λ 大于 2 的框架柱。

λ 是框架柱、框支柱的计算剪跨比，取 $M/(Vh_0)$；此处，M 宜取柱上、下端考虑地震组合的弯矩设计值的较大值，V 取与 M 对应的剪力设计值，h_0 为柱截面有效高度；当框架结构中的框架柱的反弯点在柱层高范围内时，可取 λ 等于 $H_n/2h_0$，此处，H_n 为柱净高。

$$V_c \leqslant \frac{1}{\gamma_{RE}}(0.2\beta_c f_c b h_0)$$

式中 γ_{RE}——承载力抗震调整系数，见表 6-2；

　　　　β_c——混凝土强度影响系数，当混凝土强度等级不超过 C50 时，β_c 取 1.0；当混凝土强度等级为 C80 时，β_c 取 0.8；其间按线性内插法确定；

　　　　f_c——混凝土轴心抗压强度设计值，按表 1-2 取值；

　　　　b——矩形截面的宽度；

　　　　h_0——截面的有效高度。

（2）框支柱和剪跨比不大于 2 的框架柱。

λ 是框架柱、框支柱的计算剪跨比，取 $M/(Vh_0)$；此处，M 宜取柱上、下端考虑地震组合的弯矩设计值的较大值，V 取与 M 对应的剪力设计值，h_0 为柱截面有效高度；当框架结构中的框架柱的反弯点在柱层高范围内时，可取 λ 等于 $H_n/2h_0$，此处，H_n 为柱净高。

$$V_c \leqslant \frac{1}{\gamma_{RE}}(0.15\beta_c f_c bh_0)$$

式中　γ_{RE}——承载力抗震调整系数，见表 6-2；

　　　β_c——混凝土强度影响系数，混凝土强度等级不超过 C50 时，β_c 取 1.0；当混凝土强度等级为 C80 时，β_c 取 0.8；其间按线性内插法确定；

　　　f_c——混凝土轴心抗压强度设计值，按表 1-2 取值；

　　　b——矩形截面的宽度；

　　　h_0——截面的有效高度。

6.1.11　地震组合的矩形截面框架柱和框支柱的斜截面受剪承载力计算

考虑地震组合的矩形截面框架柱和框支柱，其斜截面受剪承载力应符合下列规定：

$$V_c \leqslant \frac{1}{\gamma_{RE}}\left[\frac{1.05}{\lambda+1}f_t bh_0 + f_{yv}\frac{A_{sv}}{s}h_0 + 0.056N\right]$$

式中　γ_{RE}——承载力抗震调整系数，见表 6-2；

　　　λ——框架柱、框支柱的计算剪跨比，λ 小于 1.0 时，取 1.0；当 λ 大于 3.0 时，取 3.0；

　　　f_t——混凝土轴心抗拉强度设计值，按表 1-2 取值；

　　　b——矩形截面的宽度；

　　　h_0——截面的有效高度；

　　　f_{yv}——箍筋的抗拉强度设计值；

　　　A_{sv}——配置在同一截面内箍筋各肢的全部截面面积，即 nA_{sv1}，此处，n 为在同一个截面内箍筋的肢数，A_{sv1} 为单肢箍筋的截面面积；

　　　s——沿构件长度方向的箍筋间距；

　　　N——考虑地震组合的框架柱、框支柱轴向压力设计值，当 N 大于 $0.3f_c A$ 时，取 $0.3f_c A$。

6.1.12　地震组合的矩形截面框架柱和框支柱的斜截面抗震受剪承载力计算

考虑地震组合的矩形截面框架柱和框支柱，当出现拉力时，其斜截面抗震受剪承载力应符合下列规定：

$$V_c \leqslant \frac{1}{\gamma_{RE}\left[\dfrac{1.05}{\lambda+1}f_t bh_0 + f_{yv}\dfrac{A_{sv}}{s}h_0 + 0.2N\right]}$$

式中　γ_{RE}——承载力抗震调整系数，见表 6-2。

　　　λ——框架柱、框支柱的计算剪跨比，λ 小于 1.0 时，取 1.0；λ 大于 3.0 时，取 3.0；

f_t——混凝土轴心抗拉强度设计值，按表1-2取值；

b——矩形截面的宽度；

h_0——截面的有效高度；

f_{yv}——箍筋的抗拉强度设计值；

A_{sv}——配置在同一截面内箍筋各肢的全部截面面积，即 nA_{sv1}，此处，n 为在同一个截面内箍筋的肢数，A_{sv1} 为单肢箍筋的截面面积；

s——沿构件长度方向的箍筋间距；

N——考虑地震组合的框架柱轴向拉力设计值。

上式右边括号内的计算值小于 $f_{yv}\dfrac{A_{sv}}{s}h_0$ 时，取等于 $f_{yv}\dfrac{A_{sv}}{s}h_0$，且值 $f_{yv}\dfrac{A_{sv}}{s}h_0$ 不应小于 $0.36f_tbh_0$。

6.1.13 地震组合的矩形截面双向受剪的钢筋混凝土框架柱的受剪承载力计算

考虑地震组合的矩形截面双向受剪的钢筋混凝土框架柱，其受剪截面应符合下列条件：

$$V_x \leqslant \frac{1}{\gamma_{RE}}0.2\beta_c f_c bh_0\cos\theta$$

$$V_y \leqslant \frac{1}{\gamma_{RE}}0.2\beta_c f_c hb_0\sin\theta$$

式中　V_x——x 轴方向的剪力设计值，对应的截面有效高度为 h_0，截面宽度为 b；

V_y——y 轴方向的剪力设计值，对应的截面有效高度为 b_0，截面宽度为 h；

γ_{RE}——承载力抗震调整系数，见表6-2；

β_c——混凝土强度影响系数，混凝土强度等级不超过C50时，β_c 取1.0；混凝土强度等级为C80时，β_c 取0.8；其间按线性内插法确定；

f_c——混凝土轴心抗压强度设计值，按表1-2取值；

b——矩形截面的宽度；

h_0——截面的有效高度；

θ——斜向剪力设计值 V 的作用方向与 x 轴的夹角，等于 $\arctan(V_x/V_y)$。

6.1.14 地震组合的矩形截面双向受剪的钢筋混凝土框架柱的斜截面受剪承载力计算

考虑地震组合时，矩形截面双向受剪的钢筋混凝土框架柱，其斜截面受剪承载力应符合下列条件：

$$V_x \leqslant \frac{V_{ux}}{\sqrt{1+\left(\dfrac{V_{ux}\tan\theta}{V_{uy}}\right)^2}}$$

$$V_y \leqslant \frac{V_{uy}}{\sqrt{1+\left(\dfrac{V_{uy}}{V_{ux}\tan\theta}\right)^2}}$$

$$V_{ux} = \frac{1}{\gamma_{RE}} \left[\frac{1.05}{\gamma_x + 1} f_t b h_0 + f_{yv} \frac{A_{svx}}{s_x} h_0 + 0.056N \right]$$

$$V_{uy} = \frac{1}{\gamma_{RE}} \left[\frac{1.05}{\gamma_Y + 1} f_t b h_0 + f_{yv} \frac{A_{svy}}{s_y} b_0 + 0.056N \right]$$

式中　λ_x、λ_y——框架柱的计算剪跨比；

A_{svx}、A_{svy}——配置在同一截面内平行于 x 轴、y 轴的箍筋各肢截面面积的总和；

γ_{RE}——承载力抗震调整系数，见表 6-2；

f_t——混凝土轴心抗拉强度设计值，按表 1-2 取值；

b_0—— y 轴方向对应的截面有效高度；

h_0—— x 轴方向对应的截面有效高度；

b—— x 轴方向对应的截面高度；

h—— y 轴方向对应的截面宽度；

f_{yv}——箍筋的抗拉强度设计值；

N——与斜向剪力设计值 V 相应的轴向压力设计值，N 大于 $0.3f_c A$ 时，取 $0.3f_c A$，此处，A 为构件的截面面积。

6.1.15　柱箍筋加密区箍筋的体积配筋率

柱箍筋加密区箍筋的体积配筋率 ρ_v，应符合下列规定：

$$\rho_v \geqslant \lambda_v \frac{f_c}{f_{yv}}$$

式中　f_{yv}——箍筋抗拉强度设计值；

f_c——混凝土轴心抗压强度设计值，强度等级低于 C35 时，按 C35 取值；

λ_v——最小配箍特征值，按表 6-8 取值；

ρ_v——柱箍筋加密区的体积配筋率，见表 6-24，计算中应扣除重叠部分的

箍筋体积 $\left\{ \begin{array}{l} \blacktriangle \text{ 当为方格网式配筋时} \\ \blacksquare \text{ 当为螺旋式配筋时} \end{array} \right\}$：

▲ 当为方格网式配筋时，钢筋网两个方向上单位长度内钢筋截面面积的比值不宜大于 1.5，其体积配筋率 ρ_v 应按下列公式计算：

$$\rho_v = \frac{n_1 A_{s1} l_1 + n_2 A_{s2} l_2}{A_{cor} s}$$

式中　n_1、A_{s1}——方格网沿 l_1 方向的钢筋根数、单根钢筋的截面面积；

n_2、A_{s2}——方格网沿 l_2 方向的钢筋根数、单根钢筋的截面面积；

A_{cor}——方格网式或螺旋式间接钢筋内表面范围内的混凝土核心面积，其重心应与 A_l 的重心重合，计算中仍按同心、对称的原则取值；

s——方格网式或螺旋式间接钢筋的间距，宜取 30～80mm。

■ 当为螺旋式配筋时，其体积配筋率 ρ_v 应按下列公式计算：

$$\rho_v = \frac{4A_{ss1}}{d_{cor} s}$$

式中 A_{ss1}——单根螺旋式间接钢筋的截面面积；

d_{cor}——螺旋式间接钢筋内表面范围内的混凝土截面直径；

s——方格网式或螺旋式间接钢筋的间距，宜取 30～80mm。

6.1.16 一、二、三级抗震等级框架梁柱节点核心区受剪承载力计算

一、二、三级抗震等级的框架梁柱节点核心区的剪力设计值 V_j，应按下列规定计算：

（1）顶层中间节点和端节点。

①一级抗震等级的框架结构和 9 度设防烈度的一级抗震等级框架：

$$V_j = \frac{1.15 \sum M_{bua}}{h_{b0} - a_s'}$$

式中 $\sum M_{bua}$——节点左、右两侧的梁端反时针或顺时针方向实配的正截面抗震受弯承载力所对应的弯矩值之和，可根据实配钢筋面积（计入纵向受压钢筋）和材料强度标准值确定；

h_{b0}——梁的截面有效高度，当节点两侧梁高不相同时，取其平均值；

a_s'——梁纵向受压钢筋合力点至截面近边的距离。

②其他情况：

$$V_j = \frac{\eta_{jb} \sum M_b}{h_{b0} - a_s'}$$

式中 $\sum M_b$——节点左、右两侧的梁端反时针或顺时针方向组合弯矩设计值之和，一级抗震等级框架节点左右梁端均为负弯矩时，绝对值较小的弯矩应取零；

η_{jb}——节点剪力增大系数，对于框架结构，一级取 1.50，二级取 1.35，三级取 1.20；对于其他结构中的框架，一级取 1.35，二级取 1.20，三级取 1.10；

h_{b0}——梁的截面有效高度，当节点两侧梁高不相同时，取其平均值；

H_c——节点上柱和下柱反弯点之间的距离；

a_s'——梁纵向受压钢筋合力点至截面近边的距离。

（2）其他层中间节点和端节点。

①一级抗震等级的框架结构和 9 度设防烈度的一级抗震等级框架：

$$V_j = \frac{1.15 \sum M_{bua}}{h_{b0} - a_s'} \left(1 - \frac{h_{b0} - a_s'}{H_c - h_b} \right)$$

式中 $\sum M_{bua}$——节点左、右两侧的梁端反时针或顺时针方向实配的正截面抗震受弯承载力所对应的弯矩值之和，可根据实配钢筋面积（计入纵向受压钢筋）和材料强度标准值确定；

h_{b0}、h_b——梁的截面有效高度、截面高度，当节点两侧梁高不相同时，取其平均值；

H_c——节点上柱和下柱反弯点之间的距离；

a'_s——梁纵向受压钢筋合力点至截面近边的距离。

②其他情况：

$$V_j = \frac{\eta_{jb} \sum M_b}{h_{b0} - a'_s} \left(1 - \frac{h_{b0} - a'_s}{H_c - h_b} \right)$$

式中 $\sum M_b$——节点左、右两侧的梁端反时针或顺时针方向组合弯矩设计值之和，一级抗震等级框架节点左右梁端均为负弯矩时，绝对值较小的弯矩应取零；

η_{jb}——节点剪力增大系数，对于框架结构，一级取 1.50，二级取 1.35，三级取 1.20；对于其他结构中的框架，一级取 1.35，二级取 1.20，三级取 1.10；

h_{b0}、h_b——梁的截面有效高度、截面高度，当节点两侧梁高不相同时，取其平均值；

H_c——节点上柱和下柱反弯点之间的距离；

a'_s——梁纵向受压钢筋合力点至截面近边的距离。

6.1.17 框架梁柱节点核心区的受剪承载力计算

框架梁柱节点核心区的受剪承载力应符合下列条件：

$$V_j \leqslant \frac{1}{\gamma_{RE}} (0.3 \eta_j \beta_c f_c b_j h_j)$$

式中 h_j——框架节点核心区的截面高度，可取验算方向的柱截面高度 h_c；

b_j——框架节点核心区的截面有效验算宽度，当 b_b 不小于 $b_c/2$ 时，可取 b_c；当 b_b 小于 $b_c/2$ 时，可取 $(b_b + 0.5h_c)$ 和 b_c 中的较小值；当梁与柱的中线不重合且偏心距 e_0 不大于 $b_c/4$ 时，可取 $(b_b + 0.5h_c)$、$(0.5b_b + 0.5b_c + 0.25h_c - e_0)$ 和 b_c 三者中的最小值。此处，b_b 为验算方向梁截面宽度，b_c 为该侧柱截面宽度；

γ_{RE}——承载力抗震调整系数，见表 6-2；

β_c——混凝土强度影响系数，混凝土强度等级不超过 C50 时，β_c 取 1.0；混凝土强度等级为 C80 时，β_c 取 0.8；其间按线性内插法确定；

f_c——混凝土轴心抗压强度设计值，按表 1-2 取值；

η_j——正交梁对节点的约束影响系数，楼板为现浇、梁柱中线重合、四侧各梁截面宽度不小于该侧柱截面宽度 1/2，且正交方向梁高度不小于较高框架梁高度的 3/4 时，可取 η_j 为 1.50，对 9 度设防烈度宜取 η_j 为 1.25；不满足上述约束条件时，应取 η_j 为 1.00。

6.1.18 框架梁柱节点的抗震受剪承载力计算

框架梁柱节点的抗震受剪承载力应符合下列规定：

（1）一级抗震等级的框架结构和 9 度设防烈度的一级抗震等级框架：

$$V_j \leqslant \frac{1}{\gamma_{RE}} \left(0.9 \eta_j f_t b_j h_j + f_{yv} A_{svj} \frac{h_{b0} - a'_s}{s} \right)$$

式中　γ_{RE}——承载力抗震调整系数，见表 6-2；

　　　A_{svj}——核心区有效验算宽度范围内同一截面验算方向箍筋各肢的全部截面面积；

　　　η_j——正交梁对节点的约束影响系数，楼板为现浇、梁柱中线重合、四侧各梁截面宽度不小于该侧柱截面宽度 1/2，且正交方向梁高度不小于较高框架梁高度的 3/4 时，可取为 1.50，对 9 度设防烈度宜取为 1.25；当不满足上述约束条件时，应取为 1.00；

　　　f_t——混凝土轴心抗拉强度设计值，按表 1-2 取值；

　　　b_j——框架节点核心区的截面有效验算宽度，b_b 不小于 $b_c/2$ 时，可取 b_c；b_b 小于 $b_c/2$ 时，可取（$b_b + 0.5h_c$）和 b_c 中的较小值；当梁与柱的中线不重合且偏心距 e_0 不大于 $b_c/4$ 时，可取（$b_b + 0.5h_c$）、（$0.5b_b + 0.5b_c + 0.25h_c - e_0$）和 b_c 三者中的最小值，此处，b_b 为验算方向梁截面宽度，b_c 为该侧柱截面宽度，h_c 为柱截面高度；

　　　s——方格网式或螺旋式间接钢筋的间距，宜取 30～80mm；

　　　h_j——框架节点核心区的截面高度，可取验算方向的柱截面高度 h_c；

　　　f_{yv}——箍筋抗拉强度设计值；

　　　a'_s——梁纵向受压钢筋合力点至截面近边的距离；

　　　h_{b0}——框架梁截面有效高度，节点两侧梁截面高度不等时取平均值。

（2）其他情况：

$$V_j \leqslant \frac{1}{\gamma_{RE}} \left(1.1 \eta_j f_t b_j h_j + 0.05 \eta_j N \frac{b_j}{b_c} + f_{yv} A_{svj} \frac{h_{b0} - a'_s}{s} \right)$$

式中　N——对应于考虑地震组合剪力设计值的节点上柱底部的轴向力设计值；当 N 为压力时，取轴向压力设计值的较小值，且当 N 大于 $0.5f_c b_c h_c$ 时，取 $0.5f_c b_c h_c$；当 N 为拉力时，取为 0；

　　　γ_{RE}——承载力抗震调整系数，见表 6-2；

　　　A_{svj}——核心区有效验算宽度范围内同一截面验算方向箍筋各肢的全部截面面积；

　　　η_j——正交梁对节点的约束影响系数，楼板为现浇、梁柱中线重合、四侧各梁截面宽度不小于该侧柱截面宽度 1/2，且正交方向梁高度不小于较高框架梁高度的 3/4 时，可取 η_j 为 1.50，对 9 度设防烈度宜取 η_j 为 1.25；当不满足上述约束条件时，应取 η_j 为 1.00；

　　　f_t——混凝土轴心抗拉强度设计值，按表 1-2 取值；

　　　b_j——框架节点核心区的截面有效验算宽度，当 b_b 不小于 $b_c/2$ 时，可取 b_c；

当 b_b 小于 $b_c/2$ 时，可取 $(b_b+0.5h_c)$ 和 b_c 中的较小值；当梁与柱的中线不重合且偏心距 e_0 不大于 $b_c/4$ 时，可取 $(b_b+0.5h_c)$、$(0.5b_b+0.5b_c+0.25h_c-e_0)$ 和 b_c 三者中的最小值，此处，b_b 为验算方向梁截面宽度，b_c 为该侧柱截面宽度，h_c 为柱截面高度；

s——方格网式或螺旋式间接钢筋的间距，宜取 $30\sim80$mm；

h_j——框架节点核心区的截面高度，可取验算方向的柱截面高度 h_c；

f_{yv}——箍筋抗拉强度设计值；

a'_s——梁纵向受压钢筋合力点至截面近边的距离；

h_{b0}——框架梁截面有效高度，节点两侧梁截面高度不等时取平均值。

6.1.19　圆柱框架梁柱节点受剪承载力计算

圆柱框架的梁柱节点，梁中线与柱中线重合时，其受剪水平截面应符合下列条件：

$$V_j \leqslant \frac{1}{\gamma_{RE}}(0.3\eta_j\beta_c f_c A_j)$$

式中　A_j——节点核心区有效截面面积，梁宽 $b_b \geqslant 0.5D$ 时，取 $A_j=0.8D^2$；当 $0.4D \leqslant b_b < 0.5D$ 时，取 $A_j=0.8D(b_b+0.5D)$；

D——圆柱截面直径；

b_b——梁的截面宽度；

γ_{RE}——承载力抗震调整系数，见表 6-2；

β_c——混凝土强度影响系数，当混凝土强度等级不超过 C50 时，β_c 取 1.0；当混凝土强度等级为 C80 时，β_c 取 0.8；其间按线性内插法确定；

f_c——混凝土轴心抗压强度设计值，按表 1-2 取值；

η_j——正交梁对节点的约束影响系数，楼板为现浇、梁柱中线重合、四侧各梁截面宽度不小于该侧柱截面宽度 1/2，且正交方向梁高度不小于较高框架梁高度的 3/4 时，可取 η_j 为 1.50，对 9 度设防烈度宜取 η_j 为 1.25；当不满足上述约束条件时，应取 η_j 为 1.00。

6.1.20　圆柱框架梁柱节点抗震受剪承载力计算

圆柱框架的梁柱节点，当梁中线与柱中线重合时，其抗震受剪承载力 V_j 应符合下列规定：

(1) 9 度设防烈度：

$$V_j \leqslant \frac{1}{\gamma_{RE}}\left(1.2\eta_j f_t A_j + 1.57 f_{yv} A_{sh}\frac{h_{b0}-a'_s}{s} + f_{yv}A_{svj}\frac{h_{b0}-a'_s}{s}\right)$$

式中　h_{b0}——梁截面有效高度；

γ_{RE}——承载力抗震调整系数，见表 6-2；

η_j——正交梁对节点的约束影响系数，楼板为现浇、梁柱中线重合、四侧各梁截面宽度不小于该侧柱截面宽度 1/2，且正交方向梁高度不小于较高框架梁高度的 3/4 时，可取 η_j 为 1.50，对 9 度设防烈度宜取 η_j 为 1.25；不满足上述约束条件时，应取 η_j 为 1.00；

f_t——混凝土轴心抗拉强度设计值，按表 1-2 取值；

A_j——节点核心区有效截面面积，梁宽 $b_b \geqslant 0.5D$ 时，取 $A_j = 0.8D^2$；$0.4D \leqslant b_b < 0.5D$ 时，取 $A_j = 0.8D (b_b + 0.5D)$；

f_{yv}——箍筋抗拉强度设计值；

A_{sh}——单根圆形箍筋的截面面积；

a_s'——梁纵向受压钢筋合力点至截面近边的距离；

h_{b0}——框架梁截面有效高度，节点两侧梁截面高度不等时取平均值；

s——方格网式或螺旋式间接钢筋的间距，宜取 30～80mm；

A_{svj}——同一截面验算方向的拉筋和非圆形箍筋各肢的全部截面面积。

（2）其他情况下的计算：

$$V_j \leqslant \frac{1}{\gamma_{RE}} \left(1.2\eta_j f_t A_j + 0.05\eta_j \frac{N}{D^2} A_j + 1.57 f_{yv} A_{sh} \frac{h_{b0} - a_s'}{s} + f_{yv} A_{svj} \frac{h_{b0} - a_s'}{s} \right)$$

式中 h_{b0}——梁截面有效高度；

γ_{RE}——承载力抗震调整系数，见表 6-2；

η_j——正交梁对节点的约束影响系数，当楼板为现浇、梁柱中线重合、四侧各梁截面宽度不小于该侧柱截面宽度 1/2，且正交方向梁高度不小于较高框架梁高度的 3/4 时，可取 η_j 为 1.50，对 9 度设防烈度宜取 η_j 为 1.00；当不满足上述约束条件时，应取 η_j 为 1.00；

f_t——混凝土轴心抗拉强度设计值，按表 1-2 取值；

A_j——节点核心区有效截面面积，梁宽 $b_b \geqslant 0.5D$ 时，取 $A_j = 0.8D^2$；$0.4D \leqslant b_b < 0.5D$ 时，取 $A_j = 0.8D (b_b + 0.5D)$；

f_{yv}——箍筋抗拉强度设计值；

N——对应于考虑地震组合剪力设计值的节点上柱底部的轴向力设计值，当 N 为压力时，取轴向压力设计值的较小值，且当 N 大于 $0.5f_c b_c h_c$ 时，取 $0.5f_c b_c h_c$；当 N 为拉力时，取为 0；

D——圆柱截面直径；

A_{sh}——单根圆形箍筋的截面面积；

a_s'——梁纵向受压钢筋合力点至截面近边的距离；

h_{b0}——框架梁截面有效高度，节点两侧梁截面高度不等时取平均值；

s——方格网式或螺旋式间接钢筋的间距，宜取 30～80mm；

A_{svj}——同一截面验算方向的拉筋和非圆形箍筋各肢的全部截面面积。

6.1.21 剪力墙的剪力设计值计算

考虑剪力墙的剪力设计值 V_w 应按下列规定计算：

（1）底部加强部位。

1）9度设防烈度的一级抗震等级剪力墙：

$$V_w = 1.1 \frac{M_{wua}}{M} V$$

式中　V_w——考虑地震组合的剪力墙的剪力设计值；

　　　M_{wua}——剪力墙底部截面按实配钢筋截面面积、材料强度标准值且考虑承载力抗震调整系数计算的正截面抗震承载力所对应的弯矩值，有翼墙时应计入墙两侧各一倍翼墙厚度范围内的纵向钢筋；

　　　M——考虑地震组合的剪力墙底部截面的弯矩设计值；

　　　V——考虑地震组合的剪力墙的剪力设计值。

2）其他情况。

①一级抗震等级：

$$V_w = 1.6V$$

式中　V_w——考虑地震组合的剪力墙的剪力设计值；

　　　V——考虑地震组合的剪力墙的剪力设计值。

②二级抗震等级：

$$V_w = 1.4V$$

式中　V_w——考虑地震组合的剪力墙的剪力设计值；

　　　V——考虑地震组合的剪力墙的剪力设计值。

③三级抗震等级：

$$V_w = 1.2V$$

式中　V_w——考虑地震组合的剪力墙的剪力设计值；

　　　V——考虑地震组合的剪力墙的剪力设计值。

④四级抗震等级：取地震组合下的剪力设计值。

（2）其他部位：

$$V_w = V$$

式中　V_w——考虑地震组合的剪力墙的剪力设计值；

　　　V——考虑地震组合的剪力墙的剪力设计值。

6.1.22 剪力墙的受剪截面要求

剪力墙的受剪截面应符合下列要求：

当剪跨比大于 2.5 时

$$V_w \leqslant \frac{1}{\gamma_{RE}} (0.2\beta_c f_c b h_0)$$

式中　V_w——考虑地震组合的剪力墙的剪力设计值；

　　　γ_{RE}——承载力抗震调整系数，见表 6-2；

　　　β_c——混凝土强度影响系数，混凝土强度等级不超过 C50 时，β_c 取 1.0；混凝土强度等级为 C80 时，β_c 取 0.8；其间按线性内插法确定；

　　　f_c——混凝土轴心抗压强度设计值，按表 1-2 取值；

　　　b——截面的宽度；

　　　h_0——截面的有效高度。

剪跨比不大于 2.5 时

$$V_w \leqslant \frac{1}{\gamma_{RE}}(0.15\beta_c f_c b h_0)$$

式中　V_w——考虑地震组合的剪力墙的剪力设计值；

　　　γ_{RE}——承载力抗震调整系数，见表 6-2；

　　　β_c——混凝土强度影响系数，当混凝土强度等级不超过 C50 时，β_c 取 1.0；当混凝土强度等级为 C80 时，β_c 取 0.8；其间按线性内插法确定；

　　　f_c——混凝土轴心抗压强度设计值，按表 1-2 取值；

　　　b——截面的宽度；

　　　h_0——截面的有效高度。

6.1.23　剪力墙偏心受压时斜截面抗震受剪承载力计算

剪力墙在偏心受压时的斜截面抗震受剪承载力 V_w 应符合下列规定：

$$V_w \leqslant \frac{1}{\gamma_{RE}}\left[\frac{1}{\lambda-0.5}\left(0.4f_t b h_0 + 0.1N\frac{A_w}{A}\right) + 0.8f_{yv}\frac{A_{sh}}{s}h_0\right]$$

式中　N——考虑地震组合的剪力墙轴向压力设计值中的较小者，当 N 大于 $0.2f_c bh$ 时取 $0.2f_c bh$；

　　　λ——计算截面处的剪跨比，$\lambda = M/(V h_0)$；当 λ 小于 1.5 时取 1.5；当 λ 大于 2.2 时取 2.2；此处，M 为与设计剪力值 V 对应的弯矩设计值；当计算截面与墙底之间的距离小于 $h_0/2$ 时，应按距离墙底 $h_0/2$ 处的弯矩设计值与剪力设计值计算；

　　　γ_{RE}——承载力抗震调整系数，见表 6-2；

　　　f_t——混凝土轴心抗拉强度设计值，按表 1-2 取值；

　　　b——截面的宽度；

　　　h_0——截面的有效高度；

　　　A——剪力墙的截面面积；

　　　A_w——T 形、I 形截面剪力墙腹板的截面面积，对矩形截面剪力墙，取为 A；

　　　f_{yv}——箍筋的抗拉强度设计值；

　　　A_{sh}——配置在同一水平截面内的水平分布钢筋的全部截面面积；

s——沿构件长度方向的箍筋间距。

6.1.24 剪力墙偏心受拉时斜截面抗震受剪承载力计算

剪力墙在偏心受拉时的斜截面抗震受剪承载力 V_w 应符合下列规定：

$$V_w \leqslant \frac{1}{\gamma_{RE}} \left[\frac{1}{\lambda - 0.5} \left(0.4 f_t b h_0 + 0.1 N \frac{A_w}{A} \right) + 0.8 f_{yv} \frac{A_{sh}}{s} h_0 \right]$$

式中　N——考虑地震组合的剪力墙轴向拉力设计值中的较大值；

　　　λ——计算截面处的剪跨比，$\lambda = M/(Vh_0)$；当 λ 小于 1.5 时取 1.5；当 λ 大于 2.2 时取 2.2；此处，M 为与设计剪力值 V 对应的弯矩设计值；当计算截面与墙底之间的距离小于 $h_0/2$ 时，应按距离墙底 $h_0/2$ 处的弯矩设计值与剪力设计值计算；

　　γ_{RE}——承载力抗震调整系数，见表 6-2；

　　　f_t——混凝土轴心抗拉强度设计值，按表 1-2 取值；

　　　b——截面的宽度；

　　　h_0——截面的有效高度；

　　　A——剪力墙的截面面积；

　　　A_w——T 形、I 形截面剪力墙腹板的截面面积，对矩形截面剪力墙，取为 A；

　　f_{yv}——箍筋的抗拉强度设计值；

　　A_{sh}——配置在同一水平截面内的水平分布钢筋的全部截面面积；

　　　s——沿构件长度方向的箍筋间距。

上式右边方括号内的计算值小于 $0.8 f_{yv} \frac{A_{sh}}{s} h_0$ 时，取等于 $0.8 f_{yv} \frac{A_{sh}}{s} h_0$。

6.1.25 一级抗震等级的剪力墙水平施工处的受剪承载力计算

一级抗震等级的剪力墙，其水平施工缝处的受剪承载力 V_w 应符合下列规定：

$$V_w \leqslant \frac{1}{\gamma_{RE}} (0.6 f_y A_s + 0.8 N)$$

式中　N——考虑地震组合的水平施工缝处的轴向力设计值，压力时取正值，拉力时取负值；

　　γ_{RE}——承载力抗震调整系数，见表 6-2；

　　　f_y——纵向钢筋的抗拉强度设计值；

　　　A_s——剪力墙水平施工缝处全部竖向钢筋截面面积，包括竖向分布钢筋、附加竖向插筋以及边缘构件（不包括两侧翼墙）纵向钢筋的总截面面积。

6.1.26 筒体及剪力墙洞口连梁正截面受弯承载力计算

筒体及剪力墙洞口连梁，当采用对称配筋时，其正截面受弯承载力应符合下列规定：

$$M_b \leqslant \frac{1}{\gamma_{RE}} [f_y A_s (h_0 - a'_s)] + f_{yd} A_{sd} z_{sd} \cos \alpha$$

式中 M_b——考虑地震组合的剪力墙连梁梁端弯矩设计值；

γ_{RE}——承载力抗震调整系数，见表 6-2；

a'_s——梁纵向受压钢筋合力点至截面近边的距离；

f_y——纵向钢筋抗拉强度设计值；

f_{yd}——对角斜筋抗拉强度设计值；

A_s——单侧受拉纵向钢筋截面面积；

A_{sd}——单侧对角斜筋截面面积，无斜筋时取 0；

z_{sd}——计算截面对角斜筋至截面受压区合力点的距离；

α——对角斜筋与梁纵轴线夹角；

h_0——连梁截面有效高度。

6.1.27 筒体及剪力墙洞口连梁受剪承载力计算

筒体及剪力墙洞口连梁的剪力设计值 V_{wb} 应按下列规定计算。

（1）一级抗震等级的框架结构和 9 度设防烈度的一级抗震等级框架：

$$V_{wb} = 1.1 \frac{M_{bua}^l + M_{bua}^r}{l_n} + V_{Gb}$$

式中 M_{bua}^l、M_{bua}^r——分别为连梁左、右端顺时针或反时针方向实配的受弯承载力所对应的弯矩值，应按实配钢筋面积（计入受压钢筋）和材料强度标准值并考虑承载力抗震调整系数计算；

l_n——连梁净跨；

V_{Gb}——考虑地震组合时的重力荷载代表值产生的剪力设计值，可按简支梁计算确定。

（2）其他情况下的计算：

$$V_{wb} = \eta_{vb} \frac{M_b^l + M_b^r}{l_n} + V_{Gb}$$

式中 M_b^l、M_b^r——考虑地震组合的剪力墙及筒体连梁左、右梁端弯矩设计值。应分别按顺时针方向和逆时针方向计算 M_b^l 与 M_b^r 之和，并取其较大值。对一级抗震等级，当两端弯矩均为负弯矩时，绝对值较小的弯矩值应取零；

l_n——连梁净跨；

V_{Gb}——考虑地震组合时的重力荷载代表值产生的剪力设计值，可按简支梁计算确定；

η_{vb}——连梁剪力增大系数，对于普通箍筋连梁，一级抗震等级取 1.3，二级取 1.2，三级取 1.1，四级取 1.0；配置有斜向钢筋的连梁 η_{vb} 取 1.0。

6.1.28 各抗震等级的剪力墙及筒体洞口连梁斜截面受剪承载力计算

各抗震等级的剪力墙及筒体洞口连梁，当配置普通箍筋时，其截面限制条件及斜截面受剪承载力 V_{wb} 应符合下列规定。

（1）跨高比大于 2.5 时：

①受剪截面

$$V_{wb} \leqslant \frac{1}{\gamma_{RE}}(0.20\beta_c f_c bh_0)$$

式中　γ_{RE}——承载力抗震调整系数，见表 6-2；

β_c——混凝土强度影响系数，当混凝土强度等级不超过 C50 时，β_c 取 1.0；当混凝土强度等级为 C80 时，β_c 取 0.8；其间按线性内插法确定；

f_c——混凝土轴心抗压强度设计值，按表 1-2 取值；

b——截面的宽度；

h_0——截面的有效高度。

②连梁的斜截面受剪承载力

$$V_{wb} \leqslant \frac{1}{2\gamma_{RE}}\left(0.42 f_t bh_0 + \frac{A_{sv}}{s} f_{yv} h_0\right)$$

式中　γ_{RE}——承载力抗震调整系数，见表 6-2；

f_t——混凝土抗拉强度设计值；

b——截面的宽度；

h_0——截面的有效高度；

A_{sv}——单肢箍筋截面面积；

s——沿构件长度方向的箍筋间距；

f_{yv}——箍筋抗拉强度设计值。

（2）跨高比不大于 2.5 时：

①受剪截面

$$V_{wb} \leqslant \frac{1}{\gamma_{RE}}(0.15\beta_c f_c bh_0)$$

式中　γ_{RE}——承载力抗震调整系数，见表 6-2；

β_c——混凝土强度影响系数，混凝土强度等级不超过 C50 时，β_c 取 1.0；混凝土强度等级为 C80 时，β_c 取 0.8；其间按线性内插法确定；

f_c——混凝土轴心抗压强度设计值，按表 1-2 取值；

b——截面的宽度；

h_0——截面的有效高度。

②连梁的斜截面受剪承载力

$$V_{wb} \leqslant \frac{1}{\gamma_{RE}} \left(0.38 f_t bh_0 + 0.9 \frac{A_{sv}}{s} f_{yv} h_0 \right)$$

式中　γ_{RE}——承载力抗震调整系数，见表6-2；

　　　f_t——混凝土抗拉强度设计值；

　　　b——截面的宽度；

　　　h_0——截面的有效高度；

　　　A_{sv}——单肢箍筋截面面积；

　　　s——沿构件长度方向的箍筋间距；

　　　f_{yv}——箍筋抗拉强度设计值。

6.1.29 剪力墙端部设置的约束边缘构件体积配筋率计算

约束边缘构件沿墙肢的长度 l_c 及配箍特征值 λ_v 宜满足表6-8的要求，箍筋的配置范围及相应的配箍特征值 λ_v 和 $\lambda_2/2$ 的区域如图6-1所示，其体积配筋率 ρ_v 应符合下列要求：

$$\rho_v \geqslant \lambda_v \frac{f_c}{f_{yv}}$$

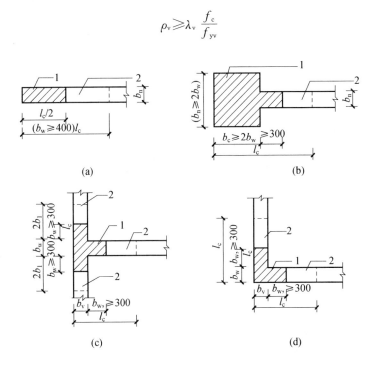

图6-1　剪力墙的约束边缘构件（单位：mm）

(a) 暗柱；(b) 端柱；(c) 翼墙；(d) 转角墙

1——配箍特征值为 λ_v 的区域；2——配箍特征值为 $\lambda_v/2$ 的区域

式中 λ_v——配箍特征值，计算时可计入拉筋；

  f_c——混凝土轴心抗压强度设计值，按表 1-2 取值；

  f_{yv}——箍筋抗拉强度设计值。

6.1.30 板柱节点受冲切截面及受冲切承载力计算

在地震组合下，配置箍筋或栓钉的板柱节点，受冲切截面及受冲切承载力应符合下列要求。

（1）受冲切截面：

$$F_{l,eq} \leqslant \frac{1}{\gamma_{RE}}(1.2 f_t \eta u_m h_0)$$

式中 γ_{RE}——承载力抗震调整系数，见表 6-2；

  f_t——混凝土抗拉强度设计值；

  η——箍筋与对角斜筋的配筋强度比，当小于 0.6 时取 0.6，当大于 1.2 时取 1.2；

  u_m——临界截面的周长，取距离局部荷载或集中反力作用面积周边 $h_0/2$ 处板垂直截面的最不利周长；

  h_0——截面的有效高度。

（2）受冲切承载力：

$$F_{l,eq} \leqslant \frac{1}{\gamma_{RE}}\left[(0.3 f_t + 0.15 \sigma_{pc,m}) \eta u_m h_0 + 0.8 f_{yv} A_{svu}\right]$$

式中 γ_{RE}——承载力抗震调整系数，见表 6-2；

  f_t——混凝土抗拉强度设计值；

  η——箍筋与对角斜筋的配筋强度比，小于 0.6 时取 0.6，大于 1.2 时取 1.2；

  u_m——临界截面的周长，取距离局部荷载或集中反力作用面积周边 $h_0/2$ 处板垂直截面的最不利周长；

  h_0——截面的有效高度；

  f_{yv}——箍筋抗拉强度设计值；

  A_{svu}——与呈 45° 冲切破坏锥体斜截面相交的全部箍筋截面面积；

  $\sigma_{pc,m}$——计算截面周长上两个方向混凝土有效预压应力按长度的加权平均值，其值宜控制在 1.0~3.5MPa。

（3）对配置抗冲切钢筋的冲切破坏锥体以外的截面：

$$F_{l,eq} \leqslant \frac{1}{\gamma_{RE}}(0.41 f_t + 0.15 \sigma_{pc,m}) \eta u_m h_0$$

式中 γ_{RE}——承载力抗震调整系数，见表 6-2；

  f_t——混凝土抗拉强度设计值；

  $\sigma_{pc,m}$——计算截面周长上两个方向混凝土有效预压应力按长度的加权平均值，

其值宜控制在 $1.0\sim3.5\text{MPa}$。

η——箍筋与对角斜筋的配筋强度比,小于0.6时取0.6;大于1.2时取1.2;

h_0——截面的有效高度;

u_m——临界截面的周长,应取最外排抗冲切钢筋周边以外 $0.5h_0$ 处的最不利周长。

6.1.31 沿两个主轴方向贯通节点柱截面的连续钢筋的总截面面积

沿两个主轴方向贯通节点柱截面的连续钢筋的总截面面积,应符合下式要求:

$$f_\text{py}A_\text{p}+f_\text{y}A_\text{s}\geqslant N_\text{G}$$

$$f_\text{py}=\sigma_\text{pu}$$

$$\sigma_\text{pu}=\sigma_\text{pe}+\Delta\sigma_\text{p}$$

$$\Delta\sigma_\text{p}=(240-335\zeta_\text{p})\left(0.45+5.5\,\frac{h}{l_0}\right)\frac{l_2}{l_1}$$

$$\zeta_\text{p}=\frac{\sigma_\text{pe}A_\text{p}+f_\text{y}A_\text{s}}{f_cbh_\text{p}}$$

式中 A_s——贯通柱截面的板底纵向普通钢筋截面面积,对一端在柱截面对边按受拉弯折锚固的普通钢筋,截面面积按一半计算;

A_p——贯通柱截面连续预应力筋截面面积,对一端在柱截面对边锚固的预应力筋,截面面积按一半计算;

N_G——在本层楼板重力荷载代表值作用下的柱轴向压力设计值;

f_y——普通钢筋的抗拉强度设计值;

f_py——预应力筋抗拉强度设计值,对无黏结预应力筋,应取用无黏结预应力筋的抗拉强度设计值 σ_pu;

σ_pe——扣除全部预应力损失后,无黏结预应力筋中的有效预应力(MPa);

$\Delta\sigma_\text{p}$——无黏结预应力筋中的应力增量(MPa);

ξ_p——综合配筋指标,不宜大于0.4;对于连续梁、板,取各跨内支座和跨中截面综合配筋指标的平均值。

f_c——混凝土轴心抗压强度设计值,按表1-2取值;

b——截面的宽度;

l_0——计算跨度或计算长度;

h——受弯构件截面高度;

h_p——无黏结预应力筋合力点至截面受压边缘的距离;

l_1——连续无黏结预应力筋两个锚固端间的总长度;

l_2——与 l_1 相关的由活荷载最不利布置图确定的荷载跨长度之和。

6.2 数据速查

6.2.1 混凝土结构的抗震等级

表 6-1   混凝土结构的抗震等级

结构类型		设 防 烈 度						
		6		7		8		9
框架结构	高度/m	≤24	>24	≤24	>24	≤24	>24	≤24
	普通框架	四	三	三	二	二	一	一
	大跨度框架	三		二		一		一
框架-剪力墙	高度/m	≤60	>60	<24	>24且≤60	>60	<24	>24且≤60	>60	≤24	>24且≤50
	框架	四	三	四	三	二	三	二	一	二	一
	剪力墙	三	三	二		二	一		一
剪力墙结构	高度/m	≤80	>80	≤24	>24且≤80	>80	≤24	>24且≤80	>80	≤24	24~60
	剪力墙	四	三	四	三	二	三	二	二	二
部分框支剪力墙结构	高度/m	≤80	>80	≤24	>24且≤80	>80	≤24	>24且≤80	一
	剪力墙 一般部位	四	三	四	三	二	三	二	
	剪力墙 加强部位	三	二	三	二	一	二	一	
	框支层框架	二		二		一		
筒体结构	框架-核心筒 框架	三		二		一		一
	框架-核心筒 核心筒	二		二		一		一
	筒中筒 内筒	三		二		一		一
	筒中筒 外筒	三		二		一		一
板柱-剪力墙结构	高度/m	≤35	>35	≤35	>35	≤35	>35	
	板柱及周边框架	三	二	二	二	一	一	
	剪力墙	二	二	二	二	二	一	
单层厂房结构	铰接排架	四		三		二		一

注　1. 建筑场地为 I 类时，除 6 度设防烈度外应允许按表内降低一度所对应的抗震等级采取抗震构造措施，但相应的计算要求不应降低。

　　2. 接近或等于高度分界时，应允许结合房屋不规则程度及场地、地基条件确定抗震等级。

　　3. 大跨度框架指跨度不小于 18m 的框架。

　　4. 表中框架结构不包括异形柱框架。

　　5. 房屋高度不大于 60m 的框架-核心筒结构按框架-剪力墙结构的要求设计时，应按表中框架—剪力墙结构确定抗震等级。

6.2.2 承载力抗震调整系数 γ_{RE}

表 6-2 承载力抗震调整系数 γ_{RE}

结构构件类别	正载面承载力计算					斜截面承载力计算	受冲切承载力计算	局部受压承载力计算
	受弯构件	偏心受压柱		偏心受压构件	剪力墙	各类构件及框架节点		
		轴压比小于 0.15	轴压比不小于 0.15					
γ_{RE}	0.75	0.8	0.85	0.85	0.85	0.85	1.0	

注 预埋件锚筋截面计算的承载力抗震调整系数应取 γ_{RE} 为 1.0。

6.2.3 框架梁纵向受拉钢筋的最小配筋百分率

表 6-3 框架梁纵向受拉钢筋的最小配筋百分率（%）

抗震等级	梁 中 位 置	
	支座	跨中
一级	0.40 和 $80f_t/f_y$ 中的较大值	0.30 和 $65f_t/f_y$ 中的较大值
二级	0.30 和 $65f_t/f_y$ 中的较大值	0.25 和 $55f_t/f_y$ 中的较大值
三、四级	0.25 和 $55f_t/f_y$ 中的较大值	0.20 和 $45f_t/f_y$ 中的较大值

6.2.4 框架梁梁端箍筋加密区的构造要求

表 6-4 框架梁梁端箍筋加密区的构造要求

抗震等级	加密区长度/mm	箍筋最大间距/mm	最小直径/mm
一级	2 倍梁高和 500 中的较大值	纵向钢筋直径的 6 倍，梁高的 1/4 和 100 中的最小值	10
二级	1.5 倍梁高和 500 中的较大值	纵向钢筋直径的 8 倍，梁高的 1/4 和 100 中的最小值	8
三级		纵向钢筋直径的 8 倍，梁高的 1/4 和 150 中的最小值	8
四级		纵向钢筋直径的 8 倍，梁高的 1/4 和 150 中的最小值	6

注 箍筋直径大于 12mm、数量不少于 4 肢且肢距不大于 150mm 时，一、二级的最大间距应允许适当放宽，但不得大于 150mm。

6.2.5 柱全部纵向受力钢筋最小配筋百分率

表 6-5 柱全部纵向受力钢筋最小配筋百分率（%）

柱类型	抗 震 等 级			
	一级	二级	三级	四级
中柱、边柱	0.9 (1.0)	0.7 (0.8)	0.6 (0.7)	0.5 (0.6)
角柱、框支柱	1.1	0.9	0.8	0.7

注 1. 表中括号内数值用于框架结构的柱。

2. 采用 335MPa 级、400MPa 级纵向受力钢筋时，应分别按表中数值增加 0.1 和 0.05 取值。

3. 当混凝土强度等级为 C60 以上时，应按表中数值增加 0.1 取值。

6.2.6 柱端箍筋加密区的构造要求

表 6 - 6 柱端箍筋加密区的构造要求

抗震等级	箍筋最大间距/mm	箍筋最小直径/mm
一级	纵向钢筋直径的 6 倍和 100 中的较小值	10
二级	纵向钢筋直径的 8 倍和 100 中的较小值	8
三级	纵向钢筋直径的 8 倍和 150（柱根 100）中的较小值	8
四级	纵向钢筋直径的 8 倍和 150（柱根 100）中的较小值	6（柱根 8）

注 柱根系指底层柱下端的箍筋加密区范围。

6.2.7 柱轴压比限值

表 6 - 7 柱 轴 压 比 限 值

结构体系	抗 震 等 级			
	一级	二级	三级	四级
框架结构	0.65	0.75	0.85	0.90
框架—剪力墙结构、筒体结构	0.75	0.85	0.90	0.95
部分框支剪力墙结构	0.60	0.70	—	—

注 1. 轴压比指柱地震作用组合的轴向压力设计值与柱的全截面面积和混凝土轴心抗压强度设计值乘积之比值。

2. 当混凝土强度等级为 C65、C70 时，轴压比限值宜按表中数值减小 0.05；混凝土强度等级为 C75、C80 时，轴压比限值宜按表中数值减小 0.10。

3. 表内限值适用于剪跨比大于 2、混凝土强度等级不高于 C60 的柱；剪跨比不大于 2 的柱轴压比限值应降低 0.05；剪跨比小于 1.5 的柱，轴压比限值应专门研究并采取特殊构造措施。

4. 沿柱全高采用井字复合箍，且箍筋间距不大于 100mm、肢距不大于 200mm、直径不小于 12mm，或沿柱全高采用复合螺旋箍，且螺距不大于 100mm、肢距不大于 200mm、直径不小于 12mm，或沿柱全高采用连续复合矩形螺箍，且螺旋净距不大于 80mm、肢距不大于 200mm、直径不小于 10mm时，轴压比限值均可按表中数值增加 0.10。

5. 当柱截面中部设置由附加纵向钢筋形成的芯柱，且附加纵向钢筋的总截面面积不少于柱截面面积的 0.8% 时，轴压比限值可按表中数值增加 0.05；此项措施与注 4 的措施同时采用时，轴压比限值可按表中数值增加 0.15，但箍筋的配箍特征值 λ_v 仍应按轴压比增加 0.10 的要求确定。

6. 调整后的柱轴压比限值不应大于 1.05。

6.2.8 柱箍筋加密区的箍筋最小配箍特征值 λ_v

表 6 - 8 柱箍筋加密区的箍筋最小配箍特征值 λ_v

抗震等级	箍 筋 形 式	轴 压 比								
		≤0.3	0.4	0.5	0.6	0.7	0.8	0.9	1.0	1.05
一级	普通箍、复合箍	0.10	0.11	0.13	0.15	0.17	0.20	0.23	—	—
	螺旋箍、复合或连续复合矩形螺旋箍	0.08	0.09	0.11	0.13	0.15	0.18	0.21	—	—

抗震等级	箍筋形式	轴压比								
		≤0.3	0.4	0.5	0.6	0.7	0.8	0.9	1.0	1.05
二级	普通箍、复合箍	0.08	0.09	0.11	0.13	0.15	0.17	0.19	0.22	0.24
	螺旋箍、复合或连续复合矩形螺旋箍	0.06	0.07	0.09	0.11	0.13	0.15	0.17	0.20	0.22
三、四级	普通箍、复合箍	0.06	0.07	0.09	0.11	0.13	0.15	0.17	0.20	0.22
	螺旋箍、复合或连续复合矩形螺旋箍	0.05	0.06	0.07	0.09	0.11	0.13	0.15	0.18	0.20

注 1. 普通箍指单个矩形箍筋或单个圆形箍筋；螺旋箍指单个螺旋箍筋；复合箍指由矩形、多边形、圆形箍筋或拉筋组成的箍筋；复合螺旋箍指由螺旋箍与矩形、多边形、圆形箍筋或拉筋组成的箍筋；连续复合矩形螺旋箍指全部螺旋箍为同一根钢筋加工成的箍筋。
   2. 在计算复合螺旋箍的体积配筋率时，其中非螺旋箍筋的体积应乘以系数0.8。
   3. 混凝土强度等级高于C60时，箍筋宜采用复合箍、复合螺旋箍或连续复合矩形螺旋箍，当轴压比不大于0.6时，其加密区的最小配箍特征值宜按表中数值增加0.02；当轴压比大于0.6时，宜按表中数值增加0.03。

6.2.9 铰接排架柱箍筋加密区的箍筋最小直径

表6-9　　　　铰接排架柱箍筋加密区的箍筋最小直径　　（单位：mm）

加密区区段	抗震等级和场地类别					
	一级	二级	二级	三级	三级	四级
	各类场地	Ⅲ、Ⅳ类场地	Ⅰ、Ⅱ类场地	Ⅲ、Ⅳ类场地	Ⅰ、Ⅱ类场地	各类场地
一般柱顶、柱根区段	8（10）		8		6	
角柱柱顶	10		10		8	
吊车梁、牛腿区段 有支撑的柱根区段	10		8		8	
有支撑的柱根区段 柱变位受约束的部位	10		10		8	

注 表中括号内数值用于柱根。

6.2.10 剪力墙轴压比限值

表6-10　　　　　剪力墙轴压比限值

抗震等级（设防烈度）	一级（9度）	一级（7、8度）	二级、三级
轴压比限值	0.4	0.5	0.6

注 剪力墙肢轴压比指在重力荷载代表值作用下墙的轴压力设计值与墙的全截面面积和混凝土轴心抗压强度设计值乘积的比值。

6.2.11 剪力墙设置构造边缘构件的最大轴压比

表 6-11 剪力墙设置构造边缘构件的最大轴压比

抗震等级（设防烈度）	一级（9度）	一级（7、8度）	二级、三级
轴压比	0.1	0.2	0.3

6.2.12 约束边缘构件沿墙肢的长度 l_c 及配箍特征值 λ_v

表 6-12 约束边缘构件沿墙肢的长度 l_c 及配箍特征值 λ_v

抗震等级（设防烈度）		一级（9度）		一级（7、8度）		二级、三级	
轴压比		≤0.2	>0.2	≤0.3	>0.3	≤0.4	>0.4
λ_v		0.12	0.20	0.12	0.20	0.12	0.20
l_c/mm	暗柱	0.20h_w	0.25h_w	0.15h_w	0.20h_w	0.15h_w	0.20h_w
	端柱、翼墙或转角墙	0.15h_w	0.20h_w	0.10h_w	0.15h_w	0.10h_w	0.15h_w

注 1. 两侧翼墙长度小于其厚度 3 倍时，视为无翼墙剪力墙；端柱截面边长小于墙厚 2 倍时，视为无端柱剪力墙。

2. 约束边缘构件沿墙肢长度 l_c 除满足本表的要求外，且不宜小于墙厚和 400mm；当有端柱、翼墙或转角墙时，尚不应小于翼墙厚度或端柱沿墙肢方向截面高度加 300mm。

3. h_w 为剪力墙的墙肢截面高度。

6.2.13 构造边缘构件的构造配筋要求

表 6-13 构造边缘构件的构造配筋要求

抗震等级	底部加强部位			其他部位		
	纵向钢筋最小配筋量（取较大值）	箍筋、拉筋		纵向钢筋最小配筋量（取较大值）	箍筋、拉筋	
		最小直径/mm	最大间距/mm		最小直径/mm	最大间距/mm
一级	0.01A_c，6ϕ16	8	100	0.008A_c，6ϕ14	8	150
二级	0.008A_c，6ϕ14	8	150	0.006A_c，6ϕ12	8	200
三级	0.006A_c，6ϕ12	6	150	0.005A_c，4ϕ12	6	200
四级	0.005A_c，4ϕ12	6	200	0.004A_c，4ϕ12	6	250

注 1. A_c 为图 6-2 中所示的阴影面积。

2. 对其他部位，拉筋的水平间距不应大于纵向钢筋间距的 2 倍，转角处宜设置箍筋。

3. 当端柱承受集中荷载时，应满足框架柱的配筋要求。

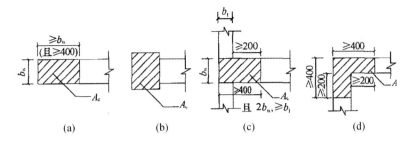

图 6-2　剪力墙的构造边缘构件（单位：mm）

（a）暗柱；（b）端柱；（c）翼墙；（d）转角墙

6.2.14　柱箍筋加密区的体积配筋率

表 6-14　　　　　　　　　　　柱箍筋加密区的体积配筋率（％）

钢筋种类	λ_v	混凝土强度等级							
		≤C35	C40	C45	C50	C55	C60	C65	C70
HPB300	0.05	0.40	0.40	0.40	0.43	0.47	0.51	0.55	0.59
	0.06	0.40	0.42	0.47	0.51	0.56	0.61	0.66	0.71
	0.07	0.43	0.50	0.55	0.60	0.66	0.71	0.77	0.82
	0.08	0.49	0.57	0.63	0.68	0.75	0.81	0.88	0.94
	0.09	0.56	0.64	0.70	0.77	0.84	0.92	0.99	1.06
	0.10	0.62	0.71	0.78	0.86	0.94	1.02	1.10	1.18
	0.11	0.68	0.78	0.86	0.94	1.03	1.12	1.21	1.30
	0.12	0.74	0.85	0.94	1.03	1.12	1.22	1.32	1.41
	0.13	0.80	0.92	1.02	1.11	1.22	1.32	1.43	1.53
	0.14	0.87	0.99	1.09	1.20	1.31	1.43	1.54	1.65
	0.15	0.93	1.06	1.17	1.28	1.41	1.53	1.65	1.77
	0.16	0.99	1.13	1.25	1.37	1.50	1.63	1.76	1.88
	0.17	1.05	1.20	1.33	1.45	1.59	1.73	1.87	2.00
	0.18	1.11	1.27	1.41	1.54	1.69	1.83	1.98	2.12
	0.19	1.18	1.34	1.48	1.63	1.78	1.94	2.09	2.24
	0.20	1.24	1.41	1.56	1.71	1.87	2.04	2.20	2.36
	0.21	1.30	1.49	1.64	1.80	1.97	2.14	2.31	2.47
	0.22	1.36	1.56	1.72	1.88	2.06	2.24	2.42	2.59
	0.23	1.42	1.63	1.80	1.97	2.16	2.34	2.53	2.71
	0.24	1.48	1.70	1.88	2.05	2.25	2.44	2.64	2.83
	0.25	1.55	1.77	1.95	2.14	2.34	2.55	2.75	2.94
	0.26	1.61	1.84	2.03	2.22	2.44	2.65	2.86	3.06

钢筋种类	λ_v	混凝土强度等级							
		≤C35	C40	C45	C50	C55	C60	C65	C70
HRB335	0.05	0.40	0.40	0.40	0.40	0.42	0.46	0.50	0.53
	0.06	0.40	0.40	0.42	0.46	0.51	0.55	0.59	0.64
	0.07	0.40	0.45	0.49	0.54	0.59	0.64	0.69	0.74
	0.08	0.45	0.51	0.56	0.62	0.67	0.73	0.79	0.85
	0.09	0.50	0.57	0.63	0.69	0.76	0.83	0.89	0.95
	0.10	0.56	0.64	0.70	0.77	0.84	0.92	0.99	1.06
	0.11	0.61	0.70	0.77	0.85	0.93	1.01	1.09	1.17
	0.12	0.67	0.76	0.84	0.92	1.01	1.10	1.19	1.27
	0.13	0.75	0.83	0.91	1.00	1.10	1.19	1.29	1.38
	0.14	0.78	0.89	0.98	1.08	1.18	1.28	1.39	1.48
	0.15	0.84	0.96	1.06	1.16	1.27	1.38	1.49	1.59
	0.16	0.89	1.02	1.13	1.23	1.35	1.47	1.58	1.70
	0.17	0.95	1.08	1.20	1.31	1.43	1.56	1.68	1.80
	0.18	1.00	1.15	1.27	1.39	1.52	1.65	1.78	1.91
	0.19	1.06	1.21	1.34	1.46	1.60	1.74	1.88	2.01
	0.20	1.11	1.27	1.41	1.54	1.69	1.83	1.98	2.12
	0.21	1.17	1.34	1.48	1.62	1.77	1.93	2.08	2.23
	0.22	1.22	1.40	1.55	1.69	1.86	2.02	2.18	2.33
	0.23	1.28	1.46	1.62	1.77	1.94	2.11	2.28	2.44
	0.24	1.34	1.53	1.69	1.85	2.02	2.20	2.38	2.54
	0.25	1.39	1.59	1.76	1.93	2.11	2.29	2.48	2.65
	0.26	1.45	1.66	1.83	2.00	2.19	2.38	2.57	2.76
HRB400	0.05	0.40	0.40	0.40	0.40	0.40	0.40	0.41	0.44
	0.06	0.40	0.40	0.40	0.40	0.42	0.46	0.50	0.53
	0.07	0.40	0.40	0.41	0.45	0.49	0.53	0.58	0.62
	0.08	0.40	0.42	0.47	0.51	0.56	0.61	0.66	0.71
	0.09	0.42	0.48	0.53	0.58	0.63	0.69	0.74	0.80
	0.10	0.46	0.53	0.59	0.64	0.70	0.76	0.83	0.88
	0.11	0.51	0.58	0.64	0.71	0.77	0.84	0.91	0.97
	0.12	0.56	0.64	0.70	0.77	0.84	0.92	0.99	1.06
	0.13	0.60	0.69	0.76	0.83	0.91	0.99	1.07	1.15
	0.14	0.65	0.74	0.82	0.90	0.98	1.07	1.16	1.24
	0.15	0.70	0.80	0.88	0.96	1.05	1.15	1.24	1.33
	0.16	0.74	0.85	0.94	1.03	1.12	1.22	1.32	1.41
	0.17	0.79	0.90	1.00	1.09	1.19	1.30	1.40	1.50
	0.18	0.84	0.96	1.06	1.16	1.27	1.38	1.49	1.59
	0.19	0.88	1.01	1.11	1.22	1.34	1.45	1.57	1.68
	0.20	0.93	1.06	1.17	1.28	1.41	1.53	1.65	1.77
	0.21	0.97	1.11	1.23	1.35	1.48	1.60	1.73	1.86
	0.22	1.02	1.17	1.29	1.41	1.55	1.68	1.82	1.94
	0.23	1.07	1.22	1.35	1.48	1.62	1.76	1.90	2.03
	0.24	1.11	1.27	1.41	1.54	1.69	1.83	1.98	2.12
	0.25	1.16	1.33	1.47	1.60	1.76	1.91	2.06	2.21
	0.26	1.21	1.38	1.52	1.67	1.83	1.99	2.15	2.30

钢筋种类	λ_v	混凝土强度等级							
		≤C35	C40	C45	C50	C55	C60	C65	C70
HRB500	0.05	0.40	0.40	0.40	0.40	0.40	0.40	0.40	0.40
	0.06	0.40	0.40	0.40	0.40	0.40	0.40	0.41	0.44
	0.07	0.40	0.40	0.40	0.40	0.41	0.44	0.48	0.51
	0.08	0.40	0.40	0.40	0.42	0.47	0.51	0.55	0.58
	0.09	0.40	0.40	0.44	0.48	0.52	0.57	0.61	0.66
	0.10	0.40	0.44	0.49	0.53	0.58	0.63	0.68	0.73
	0.11	0.42	0.48	0.53	0.58	0.64	0.70	0.75	0.80
	0.12	0.46	0.53	0.58	0.64	0.70	0.76	0.82	0.88
	0.13	0.50	0.57	0.63	0.69	0.76	0.82	0.89	0.95
	0.14	0.54	0.61	0.68	0.74	0.81	0.89	0.96	1.02
	0.15	0.58	0.66	0.73	0.80	0.87	0.95	1.02	1.10
	0.16	0.61	0.70	0.78	0.85	0.93	1.01	1.09	1.17
	0.17	0.65	0.75	0.82	0.90	0.99	1.07	1.16	1.24
	0.18	0.69	0.79	0.87	0.96	1.05	1.14	1.23	1.32
	0.19	0.73	0.83	0.92	1.01	1.11	1.20	1.30	1.39
	0.20	0.77	0.88	0.97	1.06	1.16	1.26	1.37	1.46
	0.21	0.81	0.92	1.02	1.12	1.22	1.33	1.43	1.54
	0.22	0.84	0.97	1.07	1.17	1.28	1.39	1.50	1.61
	0.23	0.88	1.01	1.12	1.22	1.34	1.45	1.57	1.68
	0.24	0.92	1.05	1.16	1.27	1.40	1.52	1.64	1.75
	0.25	0.96	1.10	1.21	1.33	1.45	1.58	1.71	1.83
	0.26	1.00	1.14	1.26	1.38	1.51	1.64	1.78	1.90

主 要 参 考 文 献

[1] GB 50009—2012 建筑结构荷载规范 [S]. 北京：中国建筑工业出版社，2012.
[2] GB 50010—2010 混凝土结构设计规范 [S]. 北京：中国建筑工业出版社，2010.
[3] GB 50011—2010 建筑抗震设计规范 [S]. 北京：中国建筑工业出版社，2010.
[4] 宋玉普，王清湘. 钢筋混凝土结构 [M]. 北京：机械工业出版社，2004.
[5] 李萍，等. 简明混凝土结构设计施工 [M]. 北京：中国电力出版社，2005.

图书在版编目（CIP）数据

混凝土结构常用公式与数据速查手册 / 李守巨主编 . —北京：知识产权出版社，2015.1
（建筑工程常用公式与数据速查手册）
ISBN 978 - 7 - 5130 - 3057 - 1

Ⅰ.①混… Ⅱ.①李… Ⅲ.①混凝土结构—技术手册 Ⅳ.①TU37 - 62

中国版本图书馆 CIP 数据核字（2014）第 229593 号

责任编辑：刘 爽 段红梅   责任校对：谷 洋
执行编辑：祝元志   责任出版：刘译文
封面设计：杨晓霞

混凝土结构常用公式与数据速查手册
李守巨 主编

出版发行：知识产权出版社有限责任公司   网　　址：http://www.ipph.cn
社　　址：北京市海淀区马甸南村 1 号   邮　　编：100088
责编电话：010 - 82000860 转 8125   责编邮箱：liushuang@cnipr.com
发行电话：010 - 82000860 转 8101/8102   发行传真：010 - 82005070/82000893
印　　刷：保定市中画美凯印刷有限公司   经　　销：各大网上书店、新华书店及相关销售网点
开　　本：787mm×1092mm 1/16   印　　张：12.25
版　　次：2015 年 1 月第 1 版   印　　次：2015 年 1 月第 1 次印刷
字　　数：252 千字   定　　价：38.00 元

ISBN 978-7-5130-3057-1

建筑工程常用公式与数据速查手册系列丛书

1. 钢结构常用公式与数据速查手册   定价：38.00元
2. 建筑抗震常用公式与数据速查手册   定价：38.00元
3. 高层建筑常用公式与数据速查手册   定价：35.00元
4. 砌体结构常用公式与数据速查手册   定价：48.00元
5. 地基基础常用公式与数据速查手册   定价：45.00元
6. 电气工程常用公式与数据速查手册   定价：38.00元
7. 工程造价常用公式与数据速查手册   定价：45.00元
8. 水暖工程常用公式与数据速查手册   定价：45.00元
9. 混凝土结构常用公式与数据速查手册   定价：38.00元